Momčilo Stevanović

MEHANIČKO PONAŠANJE KOMPOZITA KARBON EPOKSIDA

SASTAV. STRUKTURA. EFEKTI OZRAČIVANJA

Momčilo Stevanović

MEHANIČKO PONAŠANJE KOMPOZITA KARBON EPOKSIDA

SASTAV. STRUKTURA. EFEKTI OZRAČIVANJA

Bibliografische Information der Deutschen Nationalbibliothek:
Die Deutsche Nationalbibliothek verzeichnet diese Publikation in der
Deutschen Nationalbibliografie; detaillierte bibliografische Daten sind im
Internet über http://dnb.dnb.de abrufbar.

Recenzenti: Slobodan Petrović, profesor emeritus, PMF, Beograd,
dr Velimir Radmilović, profesor i dopisni član SANU, Beograd,
dr Branka Kaluđerović, naučni savetnik, Institut Vinča, Beograd

Kompjuterska priprema: dr Nenad Stevanović, projekt menadžer, Infineon

Lektura i korektura: dr Milan Gordić, naučni saradnik, Institut Vinča, Beograd
dr Lada Stevanović, naučni savetnik, Etnografski institut SANU

Herstellung und Verlag: BoD – Books on Demand, Norderstedt

ISBN: 978-3-7557-9690-9

SADRŽAJ

Monografija se bavi mehaničkim ponašanjem konstrukcionih kompozita kontinualna karbonska vlakna/epoksidna smola. Ovi kompoziti su sad i biće u budućnosti među najatraktivnijim usavršenim konstrukcionim i materijalima uopšte. Za manje upućene ukazuje se na pojmove iz naslova. Mehaničko ponašanje je ponašanje u polju dejstva mehaničke sile, koje se proučava na osnovu standardnih testova kompozita kao nove klase konstrukcionih materijala, izgrađenih od čvrste epoksidne matrice u kojoj su inkorporirana kontinualna karbonska vlakna velike čvrstoće i krutosti, na definisan način za posebne primene. Istaknuto je da se ovi kompoziti dobijaju sofisticiranom često jeftinom tehnologijom da poseduju niske gustine i veliku otpornost na zamor, koroziju, abraziju i delovanje zračenja i imaju rastuću primenu u vazduhoplovstvu, brodogradnji, infrastrukturi, reaktorskim i raketnim tehnologijama.

Nakon upućivanja čitalaca na osnovne pojmove o osnovama modernih kompozita (Glava 1) (definicija, opšte karakteristike izgrađivačkih elemenata i samih kompozita, tehnikama dobijanja i oblastima primene i Glave 2. u kojoj se razmatraju ivični efekti u multidirekcionim kompozitima, monografija se u drugom delu bavi istraživanjima vezanim za nelinearnu elastičnost karbonskih vlakana kao i slojeva unidirekcionih kompozita, sa karbonskim vlaknima usmerenim u istom pravcu, u kojem deluje opterećenje. Treći deo monografije, Glave 5, 6, i 7 obrađuju oblast uticaja gama radioaktivnog zračenja na ove kompozite, posebno uz istovremeno delovanje sa upijenom vlagom (Glava 7) Sva prikazana istraživanja su bazirana, u prvom redu, na rezultatima istraživanja istraživačke grupe saradnika autora ove monografije u prvom redu. Mnogi od njih mogli bi se pojaviti i kao koautori ove monografije zbog činjenice da su učestvovali u istraživanjima i u publikovanju radova. Oni su svakako koautori u našim zajedničkim radovima citiranim u ovoj monografiji, po pravilu na poslednjem mestu u nizu referenci za dalje proučavanje. Koristim i ovu priliku da im se zahvalim na izvanrednoj saradnji.

U prvom delu monografije Glavi 1, pored izvoda iz Monografije M. Stevanovića (Glava 1. referenca 15) u Glavi 2 dat je prilog o uticaju ivičnih efekata na čvrstoću konstrukcionih kompozita kontinualna vlakna/epoksidna matrica. Kako tekst u Glavi 2. nije prethodno publikovan, uz naslov Glave 2. navedeni su autori ove glave.

Dodatni razlozi za proučavanje ivičnih efekata (iz Glave 2) i nelinearane elastičnosti (Glave 3. i 4) su najbitniji uzroci različitosti mehaničkog ponašanja konstruktivnih vlaknima ojačanih kompozita i klasičnih konsrukcionih materijala. U glavama 5. i 6. izloženi su rezultati mehaničkog ponašanja proučavanih kompozita pri ozračivanju i odgrevanju. U glavi 6. prikazano je korišćenje metode nanoindentacije u proučavanju mehaničkog ponašanja vlaknima ojačanih kompozita, dok su promene u ovim kompozitima pod istovremenim uticajem radijacionog ozračivanja i upijene vlage analizirane u glavi 7.

1. KONTINUALNIM VLAKNIMA OJAČANI KOMPOZITI

1.1 DEFINICIJA KOMPOZITA

Kompozitima se mogu smatrati materijali koji se sastoje od dve ili više hemijski različite faze uočljivih na makro skali, sa vidljivim međupovršinama koje razdvajaju faze. Ova definicija sa odnosi, u punoj meri, na vlaknima ojačane kompozite, koji predstavljaju sigurno najveću i najznačajniju grupu kompozitnih materijala [1].

1.2 KARAKTERISTIKE

Kompozit je materijal koji predstavlja kontinualnu fazu u koju je ugrađena jedna ili više diskontinualnih faza. Diskontinualna faza je obično kruća, tvrđa i jača od kontinualne faze i naziva se ojačanje ili ojačavajući materijal, dok je kontinualna faza matrica. Osobine kompozita su bitno određene osobinama njihovih konstituenata, raspodelom konstituenata i njihovom interakcijom. Osobine kompozita mogu biti date sumom proizvoda osobina konstituenata i njihove zapreminske frakcije (takozvanim pravilom mešanja)

$$P_{\mathrm{c}} = \sum \lambda_{\mathrm{i}} P_i \tag{1.1}$$

ili konstituenti međusobno reaguju na sinergijski način pa se osobine kompozita ne mogu izraziti pravilom mešanja

$$P_{\mathrm{c}} \neq \sum \lambda_{\mathrm{i}} P_i \tag{1.2}$$

Poslednji slučaj se dešava kad se u toku određivanja osobina kompozita dolazi do odvijanja nekih pojava (na primer do pojave mikrorazaranja) koje narušavaju osnovnu građu kompozita. Slučajevi kad važi nejednačina (1.2) su mnogo češći od slučajeva kad važi pravilo mešanja za osobine kompozita sa vlaknima.

Oblik diskretne jedinice diskontinualne faze često se aproksimira sferom (čestice), cilindrom (vlakna), pravilnom prizmom ili štapićima (liskun, glina, čestice stakla). Veličina i raspodela veličine ojačanja definišu teksturu, a zajedno sa zapreminskom frakcijom ojačanja određuju vrstu i opseg interakcije između ojačanja i matrice.

Sadržaj ojačanja predstavlja se preko zapreminske ili frakcije mase i on je sigurno najvažniji parametar koji, uz osobine konstituenata, određuje osobine kompozita. On predstavlja lako kontrolisanu promenjivu, preko koje se menjaju osobine kompozita. Raspodela sadržaja ojačanja je mera homogenosti i uniformnosti sistema.

Ako dimenzije čestica nisu identične, kompozit je izotropan samo kad su čestice nasumično orijentisane, a to je slučaj kod kompozita ojačanih nasumično orijentisanim, kratkim vlaknima. Ako se u toku izrade (na primer, livenja kompozita sa kratkim vlaknima) sve čestice orijentišu u istom pravcu, indukuje se anizotropija. Kompoziti ojačani dugim vlaknima pokazuju izrazitu anizotropiju osobina, ali se ista može kontrolisati projektovanjem i fabrikacijom.

1.3 KOMPOZITI KONTINUALNA VLAKNA/POLIMERI

Kompoziti sa metalnim i keramičkim matricama su usavršeni materijali. Međutim, dugim ili kontinualnim vlaknima ojačani polimeri predstavljaju sad i biće dugo u budućnosti najznačajnija i najveća grupa usavršenih kompozita, s obzirom na obim i rast njihove fabrikacije i primene.

Laminirani kompoziti vlakna/plastika predstavljaju klasu vrlo atraktivnih konstrukcionih materijala. Izuzetna prednost ovih materijala su njihove izvanredne mehaničke karakteristike, posebno njihove specifične mehaničke karakteristike, kao i mogućnost unošenja fleksibilnosti pri projektovanju konstrukcionih elemenata od ovih kompozita. Struktura i priroda ovih laminatnih kompozita su drukčije nego iste kod klasičnih polikristalnih konstrukcionih materijala. Isto tako, iniciranje i prostiranje loma, kao i kriterijumi razaranja i otpornosti materijala su drukčiji nego u klasičnim konstrukcionim materijalima.

Proizvedeni filamenti ili vlakna od neorganskih materijala imaju čvrstoću u pravcu vlakana veću od čvrstoće masivnih materijala (Tabela 1.1), jer su u masivnim materijalima prisutne velike pukotine, kritične za iniciranje katastrofalnog loma, dok su one minimizirane u vlaknima, zbog malih dimenzija poprečnog preseka vlakna (n do n $\times 10^1 \mu$m). Visoke vrednosti čvrstoće i krutosti u organskim, polimernim vlaknima posledica su orijentacije molekularne strukture.

Zbog malih dimenzija njihovih poprečnih preseka sama vlakna nisu podesna za manipulaciju i inženjerske primene. Ugrađena u pogodne matrice ona predstavljaju vlaknaste kompozite. Matrica služi da poveže vlakna, prenese opterećenje, spreči neželjene uticaje okolne sredine i oštećenja pri manipulisanju.

1.4 TEHNIKE IZRADE KOMPOZITA

U zavisnosti od vrste i osobina sistema razvijen je niz različitih tehnika izrade kompozitnih materijala [3,6,9,11]. Tako se kompoziti staklo/poliestar dobijaju tehnikom ručnog slaganja (engl. hand lay-up), uz umrežavanje na sobnoj i odgrevanje na temperaturama do 100 oC.

Kompoziti sa epoksidnim i termoplastičnim matricama dobijanju se tehnikama vrućeg presovanja na povišenim temperaturama, presovanjem preprega ili stoka slojeva vlakana i matrice u kalupima ili u autoklavima, ili pak, tehnikom kontaktnog vakuum presovanja. Cilindrični ili sferični delovi od kompozita dobijaju se tehnikom mašinskog namotavanja (engl. filament winding), a kompozitni delovi ojačani kontinualnim vlaknima izrađuju se i tehnikama ekstruzije, pultruzije i pulforminga.

1.5 POSTUPCI IZRADE KOMPOZITA U OTVORENOM KALUPU

Ručno slaganje. Mat seckanih snopova vlakana, tkanine ili netkane trake vlakana, smeštene u kalup, impregnišu se smolom premazivanjem i utrljavanjem smole uz korišćenje staklenih ili gumom obloženih valjaka. Posle slaganja više ovako impregnisanih slojeva do željene debljine u kalup, u smoli dolazi do umrežavanja (engl. cure), bez zagrevanja i primene pritiska.

Tehnika autoklava. Slojevi unidirekcionih vlakana ili trake od tkanina vlakana se prethodno impregnišu smolom, koja se zatim delimično polimerizuje (prevodi u stanje β). Na taj način se dobija takozvani preimpregnat ili prepreg. Preimpregnat ili prepreg predstavlja, dakle, traku, tkaninu, neusmerena ili unidirekciono usmerena vlakna impregnisane delimično polimerizovanom smolom (epoksidnom, fenolnom). Prepreg sa unidirekcionim (ugljeničnim, staklenim ili aramidnim) vlaknima kao ojačanjem je od primarnog značaja za izradu delova od usavršenih konstrukcionih kompozita.

Prepreg se dobija provlačenjem između valjaka trake smolom impregnisanih vlakana ili tkanine, obloženih sa obe strane silikonizovanim papirom ili plastičnim filmom, da bi se obezbedilo konsolidovanje impregnata i kvašenje vlakana. Držanjem na odgovarajućoj temperaturi smola se delimično polimerizuje čime se obezbeđuje fleksibilnost proizvoda. Ovaj postupak omogućuje izvanredno usmeravanje vlakana u istom pravcu u unidirekcionom sloju.

Konstrukcioni elementi od kompozita željenog oblika se dobijaju polazeći od preprega u autoklavima ili "vakuum vrećama". Trake preprega kao slojevi predodređene orjentacije vlakana se slažu na površinu kalupa i prekrivaju fleksibilnim prekrivačem od smolom impregnisane tkanine. Stok preprega se konsoliduje u kompozit u autoklavu ili u kalupu smeštenom u vruću presu, primenom definisanog ciklusa polimerizacije, a finalna polimerizacija (umrežavanje) se postiže zagrevanjem pod pritiskom, na odgovarajućoj temperaturi.

Mašinsko namotavanje. Snopovi kontinualnih vlakana se vuku pomoću valjaka i provlače kroz kupatilo smole rastvorene u organskom rastvaraču. Nakon uklanjanja rastvarača i viška smole, smolom impregnisani snopovi vlakana se namotavaju na odgovarajuću osovinu, odnosno kalup oblih površina, pod željenim uglom u uređaju za programirano, mašinsko namotavanje. Smola se delimično ili potpuno polimerizuje pre uklanjanja dobijenog elementa od kompozita sa osovine, odnosno, kalupa.

Vruće presovanje u kalupu. Kalupi ili alati koji se mogu zagrevati, ispunjeni polaznim materijalom (trakama, masom smeše za presovanje ili stokom preprega), presuju se u oblike šupljine kalupa, pri čemu se smola polimerizuje (umrežava) uz odgovarajuće zagrevanje.

Injekciono presovanje u kalupu. Istopljena ili plastificirana smola pomešana sa kratkim vlaknima injektuje se, obično pod visokim pritiskom, u šupljinu ili prorez kalupa i tu polimerizuje.

Pultruzija. Veliki svežanj smolom impregnisanih snopova vlakana (vučenih pomoću valjaka) provlači se kroz zagrejan kalup, iz kojeg izlaze šipke unidrirekcionih kompozita određenih profila. Parcijalno ili delimično umrežavanje smole odvija se u toku prolaska kroz kalup.

Hladno presovanje u kalupu. Za sisteme smola kao matrica kompozita kod kojih do polimerizacije dolazi na niskim temperaturama za dobijanje kompozita koristi se tehnika presovanja u kalupu bez zagrevanja. I kod ovakvih sistema umrežavanje je egzoterman proces, a dobijeni kompozit se obično, posle toga, odgrevaju na temperaturi oko 100 ºC.

Ubrizgavanje smole. Vlakna, najčešće u obliku tkanine, smeštaju se u kalup koji se zatim zatvara. Smola se, pod niskim pritiskom, ubrizgava u šupljinu kalupa. Ona najpre kvasi vlakna, a zatim popunjava šupljinu kalupa.

1.6 PRIMENA KOMPOZITA

Usavršeni kompoziti na bazi kontinualnih vlakana i polimernih matrica progresivno zamenjuju u mnogim oblastima klasične konstrukcione materijale, naročito metale.

Iz više razloga (povoljne osobine za primenu, jednostavna i jeftina tehnologija dobijanja, uštede u investicijama, troškovima proizvodnje i eksploatacije) kompozitni materijali su postali veoma atraktivna grupa konstrukcionih materijala, a biće nezamenljivi materijali u budućnosti.

Skupi kompoziti karbonska vlakna/epoksidna matrica izuzetnih karakteristika (visoke vrednosti čvrstoće i krutosti, niske gustine, izvanredne otpornosti na zamor i koroziju) nalaze svoju primenu za specijalna namene: kao što su vasionska i raketna tehnika, sudovi pod pritiskom, antene, rotori centrifuga, cevi i osovine podvrgnute cikličnim opterećenjima, delovi motora, trkačkih automobila, sportski rekviziti. Kompoziti staklena vlakna/poliestarska ili epoksidna smola poseduju niz dobrih karakteristika: veliku čvrstoću, izvanrednu otpornost na udar, korozionu stabilnost, nisku gustinu, jednostavne postupke proizvodnje, lakoću izrade kompleksnih oblika. Sa povoljnim odnosom između cene i osobina, uz korišćenje kontinualnih vlakana, uvođenje novih tehnoloških postupaka izrade (injekciono presovanje, mašinsko namotavanje, pultruzija, pulforming, industrijska proizvodnja netkanih traka) primena ovih kopmozita se jako povećala i obuhvata sledeće oblasti: hemijsku industriju; elektroniku i informacione tehnologije, brodogradnju, primorska i postrojenja na moru (platforme za eksploataciju nafte); zatim građevinarstvo i infrastrukturu; automobilsku i industriju vagona, itd.

Ogromna ekspanzija primene ovih kompozita, koja je u toku, nastaviće se i u budućnosti, naročito u građevinarstvu i u infrastrukturi.

Kompoziti aramidna vlakna/plastična matrica, izuzetne žilavosti i otpornosti na udar, velike čvrstoće i dosta dobre krutosti, nalaze primenu (naročito oni sa hibridnim ojačanjem aramidna/karbonska vlakna), pre svega, za balističku zaštitu (pancirne košulje, šlemovi, oklopi, obloge), kao i za noseće kablove.

1.7 PRIMERI PRIMENE KOMPOZITA

Komercijalna avijacija (kompoziti karbon/epoksid). Primarni i sekundarni delovi aviona; motori, kabine, podne ploče; krila, delovi repa, kontrolne ploče, jedrilice.

Vasionski i vojni programi (kompoziti karbon/epoksid). (Lovački avioni, bombarderi; helikopteri, desantni vazduhoplovi, tela kapisla, rakete, sateliti.

1.8 GRAĐA KOMPOZITA

Unidirekcioni kompoziti – UDK

Osnovni tip kompozita ojačanih kontinualnim vlaknima su unidirekcioni kompoziti (UDK). U ovim kompozitima vlakna (filamenti), ugrađena u matricu su paralelna, homogeno raspodeljena kroz zapreminu i sva usmerena u istom pravcu (Slika 1.2). Unidirekcioni kompoziti se dobijaju pultruzijom ili presovanjem unidirekcionog prepega ili smolom natopljenih netkanih traka istousmerenih vlakana u kalupu ili u autoklavu.

Osobine unidirekcionog kompozita su anizotropne. UDK poseduje transverzalno izotropsku, ortotropskusimetriju, sa tri uzajamno upravne ravni simetrije (Slika 1.1), koju odlikuje izotropija u svim pravcima upravnim na pravac vlakana. UDK se orijentiše u glavnom materijalnom koordinatnom sistemu 1-2-3 (Slika 1.1), u kojem se osa 1 poklapa sa pravcem vlakana, osa 2 je upravna na osu 1 u ravni laminacije 1-2, a osa 3 je upravna na ravan 1-2.

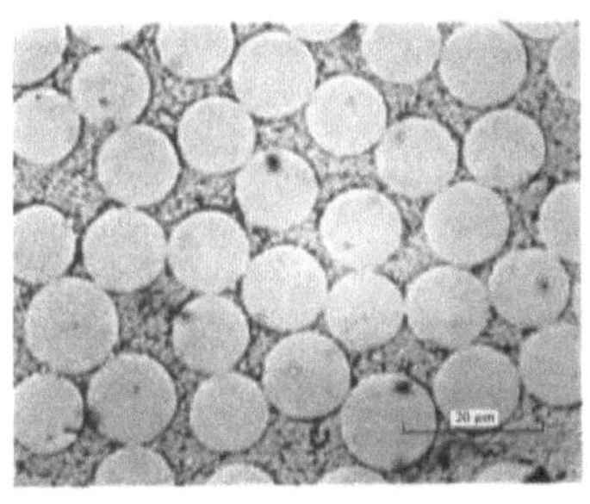

Mikroskopski poprečni presek unidirekcionog kompozita [5]

Unidirekcioni kompozit je lamina ili sloj u multidirekcionom kompozitu (MDK) sa kontinualnim vlaknima, laminatu koji se orijentiše u referentnom koordinatnom sistemu x-y-z (Slika 1.5). Osa x predstavlja glavnu referentnu osu koja se poklapa sa najdužom ivicom epruvete (šipke ili ploče pravougaonog poprečnog preseka) ili pravcem osnove u sloju ojačane tkanine (Slika 1.6). Ugao Θ, ugao između pravca vlakana (pravca 1) i pravca x predstavlja orijentaciju vlakana u sloju ili orijentaciju sloja. To znači da su ose 1 i x, kao i ose 2 i y pomerene za ugao Θ.

Epruveta UDK se testira primenom opterećenja u pravcu x koji se podudara sa pravcem 1, ali UDK kao sloj orjentacije Θ može biti testiran u testu ekscentričnog opterećivanja (za ugao Θ). Tada se opterećenje primenjuje na epruvetu u pravcu koji je za ugao Θ pomeren u odnosu na pravac vlakana. Testirana Epruveta UDK se testira primenom opterećenja u pravcu x koji se podudara s pravcem 1, ali UDK kao sloj orjentacije Θ može biti testiran u testu ekscentričnog opterećivanja (za ugao Θ). Tada se opterećenje primenjuje na epruvetu u pravcu koji je za ugao Θ pomeren u odnosu na pravac vlakana.

Epruveta unidirekcionog kompozita u testovima kad se pravac primene opterećenja poklapa sa pravcem najduže ose vlakana, uostalom kao i snopovi paralelnih vlakana, pokazuje karakterističnu osobinu nelinearne elastičnosti, odnosno nelinearno ili nehukovsko elastično ponašanje. U glavama 3. i 4. razmatrano je proučavanje nelinearne elastičnosti uni-direkcionih kompozita, ugljeničnih vlakana, odnosno slojeva u multidirekcionom kompozitima.

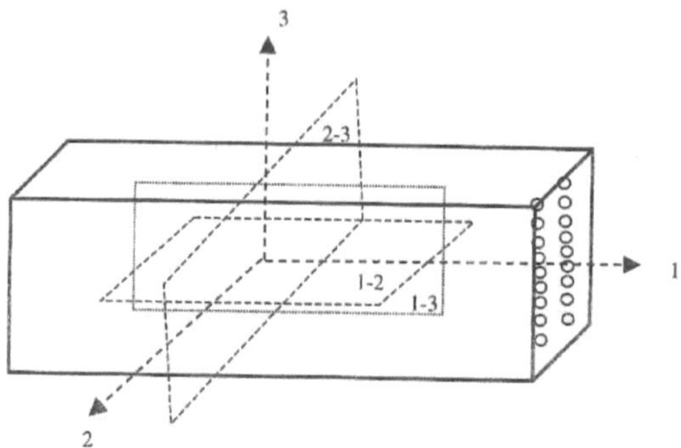

Slika 1.1 Tri uzajamno upravne ravni simetrije unidirekcionog kompozita

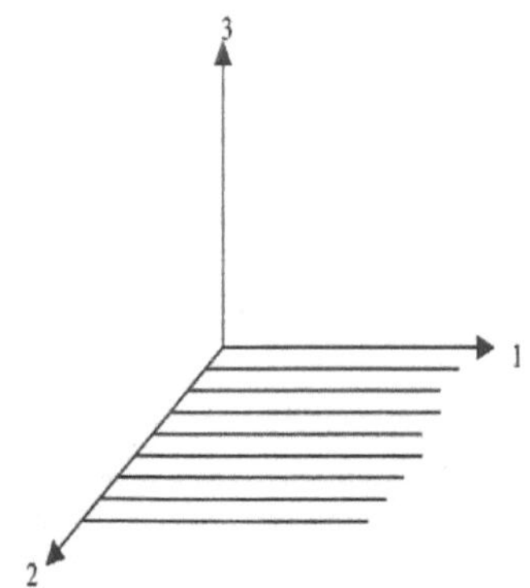

Slika 1.2 . Glavni materijalni koordinatni sistem

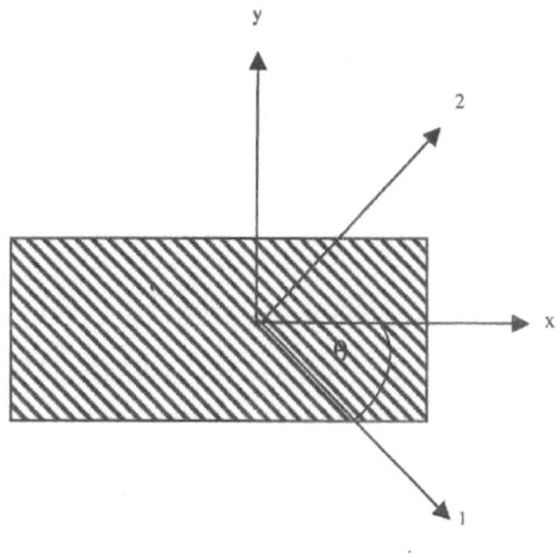

Slika 1.3 Referentni koordinatni sistem

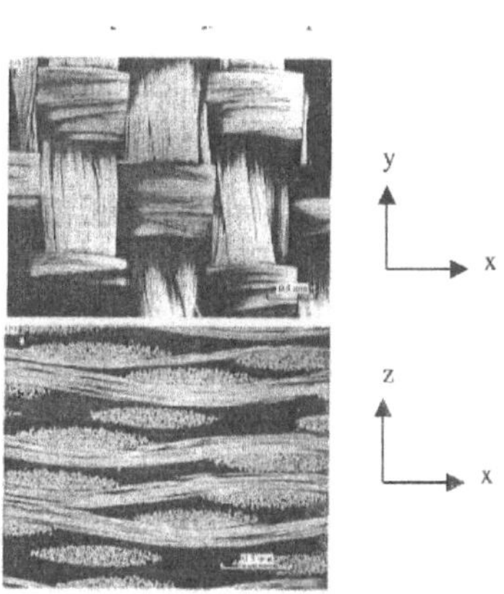

Slika 1.4 Mikrografija tkanog rovinga [5]

Laminat ili multidirekcioni kompozit (MDK) je sačinjen od niza slojeva ili lamina unidirekcionog kompozita složenih pod različitim uglom u odnosu na osu x laminata. Da bi se opisala geometrija slaganja lamina (redosled orijentacija vlakana u slojevima, laminama laminata) dogovorom je utvrđen jedinstven način obeležavanja. Za slučaj jednake debljine slojeva sekvence slaganja (engl. stacking sequence) može bit predstavljen prostim navođenjem orijentacija slojeva Θ, od vrha do dna debljine epruvete. Tako, oznaka [0/90/0]T jednoznačno predstavlja laminat od tri sloja. Donji indeks T označava da se sekvence odnose na ukupan broj slojeva. Ako su slojevi u laminatu simetrični u odnosu na središnju ravan, kaže se da je laminat simetričan, kao u slučaju [0/902/0]s što znači isto što i [0/90/90/ 90/0]T. Oznaka je u tom slučaju [0/90]s ili (0/90)s. Donji indeks *s* označava da se sekvence slaganja ponavljaju simetrično oko središnje ravni laminata. Laminat označen sa [0/45/-45]s može se predstavitiu skraćenom obliku kao [0/±45/]s dok je za laminat sa ponavljajućim nizom slojeva (0/±45/±45/0)s kraća oznaka (0/±45/)2s.

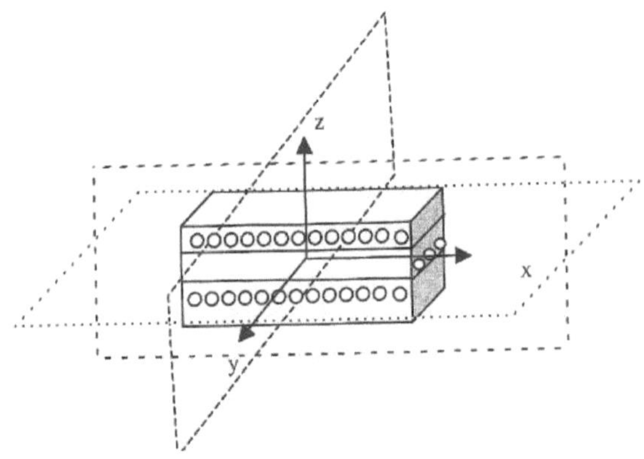

Slika 1.5 Tri uzajamno normalne ravni simetrije laminata poprečno ukrštenih slojeva

Multidirekcioni kompoziti kao stokovi unidirekcionih lamina predstavljaju ogromnu grupu usavršenih kompozita. U ovima lamine mogu da imaju ojačanje od različitih vlakana (hibridni kompoziti), ili od tkanina (Slika 4), od kratkih vlakana ili od nešto dužih i nasumično orijentsanih vlakana (mat seckanih snopova ili kratko mat).

Karakteristična osobina multidirekcionih laminata, sa slojevima različite orijentacije vlakana je da se u međuslojevima u blizini ivica, zareza, otvora, pri testiranju mogu inicirati pukotine u međuslojevima, u ivičnim graničnim oblastima sa trodimenzionalnim ivičnim zateznim, kompresionim ili smičućim naprezanjima. Kad ova naprezanja dovedu do iniciranja pukotina, dolazi do ivičnih efekata u ovim grančnim oblastima, a posle eventualnih iniciranja pukotina u ivičnim graničnim oblastima i prostiranja pukotina u unutrašnjosti testiranih epruveta dolazi do promene merenih vrednosti testiranih epruveta. Ova interlamirana ivična naprezanja javljaju se usled različitih elastičnih karakteristika susednih slojeva. U glavi 2 date su teorijske osnove i eksperimentalni rezultati proučavanja ivičnih efekata na merene čvrstoće različitih multidirekcionih kompozita. U standardne metode testiranja pojedinih kompozita su, usled ivičnih efekata, unete promene dimenzija kompozita kompozita. Kod unidirekcionih kompozita zbog odsustva ivičnih efekata standardne epruvete su uže od epruveta multidirekcionih kompozita.

1.8.1 LAMINATI POSEBNE GRAĐE

Laminati sa dve vrste slojeva, orijentacije 0 i 90°, nazivaju se laminati poprečno ukrštenih slojeva (0/90) (Slika 1.5), a laminati sa slojevima orijentacije Θ i $-\Theta°$ laminati ugaono ukrštenih slojeva (±45) (Slika 1.6).

Laminati kvaziizotropne strukture (kvaziizotropni laminati) su laminati izotropni u ravni normalnoj na ravan laminiranja. To su laminati sa slojevima orijentacije 0, 60 i − 60°, laminati građe (0/±60)s i laminati sa slojevima 0, 90, 45 i - 45°, laminati građe (0/90/±45)s (Slika 1.7).

Laminati koji sadrže isti broj slojeva orijentacije Θ i -Θ nazivaju se uravnoteženi laminati, a ako su lamine iste orijentacije Θ i -Θ pozicionirane simetrično u odnosu na središnju ravan takav laminat je simetrični laminat.

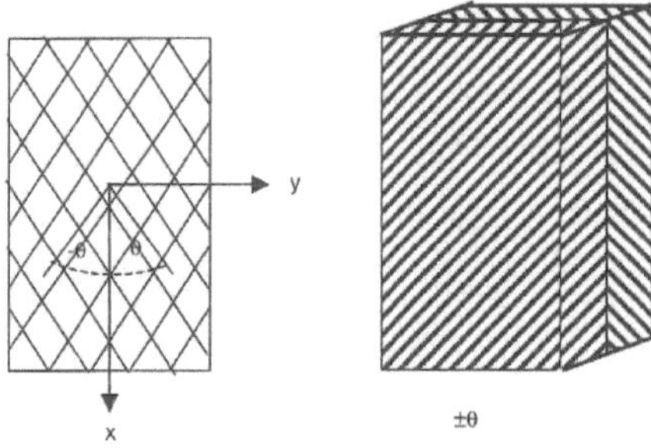

Slika 1.6 Ose simetrije laminata i laminat ugaonoukrštenih slojeva

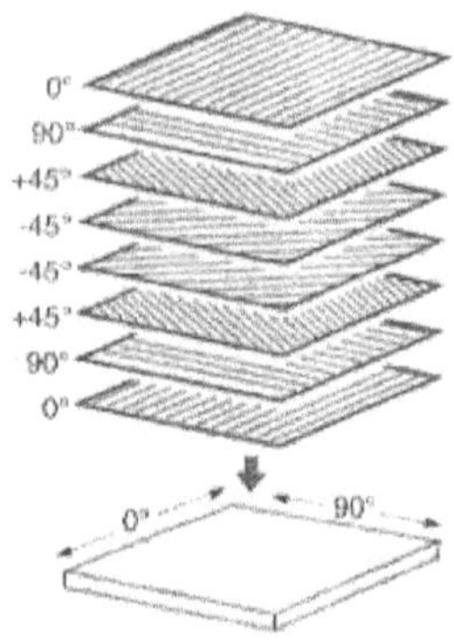

Slika 1.7 Lamine kvaziotropnog laminata građe $(0/90/\pm 45)_s$

1.9 REFERENCE I LITERATURA ZA DALJE PROUČAVANJE

1. B. D. Agarwal, L. J. Broutman (1980) Analysis and Performance of Fiber Reinforced Composites, J.Wiley, New York
2. K.H.G. Ashbee (1993) Fundamental Principles of Fibre Reinforced Composites, Technomic Publisher, Lancaster
3. M.G. Bader, W. Smith, A.B. Isaham, A. Rolston, A.B.Metzer (1990) "Processing and Fabrication Technology of Composites", in: Delaware Composite Design Encyclopedia, Vol.1 (Composites), Technomic Publisher, Lancaster,
4. A.G. Bratukin, and V. S. Bogolyubov (1995) Composite Manufacturing Technology, Chapman and Hall, London
5. D.Hull, (1981) An Introduction to Composite Materials, Cambridge University Press, Cambridge
6. A. Kely (1986) Composite Materials: An Overview, in: Encyclopedia of Material Science and Engineering, M.B. Bevel (ed.), Pergamon Press, Oxford, Vol.1.,p. 750
7. A. Kely & S.T. Mileiko (eds.) (1983), Fabrication of Composites, North Holland, Amsterdam
8. S.M. Lee (editor-in-chief) (1990) International Encyclopedia of Composites, VCH Publishers, New York,Vols.1-6
9. M.R. Monaghan, & P.J. Mallon (1990) "Development of a computer controlled autoclave for forming thermoplacstic composites", Comp.Manufact. 1 (1): 8-14
10. R.P. SheldonComposite Polymeric Materials, Applied Science Publishers, London
11. M. Stevanović, (1995) „Neprekidnim vlaknima ojačani polimerni kompoziti", Plastika i guma 15 (1): 11-15
12. R. Talreja, J-A.E. Manson, eds.(2001) Polymer Matrix Composites, Elsevier, New York

13. V.V. Vasilev, J.M. Tarnopolskij (1990) Kompozicionye Materialy, Mashinostroenie, Moskva
14. M. Stevanović (2001) Vlaknima ojačani polimerni kompoziti, Partenon, Beograd

2. UTICAJ IVIČNIH EFEKATA NA ZATEZNU ČVRSTOĆU KARBON/EPOKSI LAMINATA

2.1 REZIME

Proučavanje ivičnih efekata na zateznu čvrstoću karbon/epoksi laminata sa slojevima orijentacije ±45, 0 i 90° izvršeno je testiranjem laminata inverzne geometrije slaganja i na epruvetama različite širine. Ivični efekti su analizirani posmatranjem razaranja, identifikujući međuslojeve u kojima su aksijalne pukotine na slobodnim ivicama inicirane ili inhibirane i proračunavanjem komponenata interlaminarnih naprezanja i deformacija u međuslojevima blizu slobodnih ivica. Izvršena je korelacija između interlaminarnih ivičnih efekta i energije oslobođene po jedinici zapremine ivične granične oblasti međusloja indukovane interlaminarnim naprerzanjima na slobodnim ivicama.

2.2 UVOD

U vlaknima ojačanim laminatima podvrgnutim aksijalnom opterećenju, na slobodnim ivicama niču interlaminarna naprezanja (smicanja τ_{xz} i normalna τ_x) usled neslaganja elastičnih osobina između slojeva. Tako je u oblastima blizu slobodnih ivica, poznatim kao granična oblast stanje naprezanja trodimenzionalno i ne može se predvideti klasičnom teorijom laminacije.

U početku proučavanja uticaja ivičnih efekata na čvrstoću laminata postavljalo se pitanje da li su indukovana ivična interlaminarna naprezanja singularitet ili ne. Sada je izvesno da usled neslaganja elastičnih osobina između susednih slojeva, ozbiljna koncentracija naprezanja (reklo bi se singularitet) se stvara blizu slobodnih ivica kompozitnih laminata [1-3]. Visoko koncentrovana naprezanja u blizini slobodnih ivica stvaraju granični sloj potpuno trodimenzionalno polje naprezanja. Indukovana   ivična interlaminarna naprezanja igraju značajnu ulogu pri iniciranju (ili inhibiranju) aksijalnih pukotina u međusloju koja mogu da dovedu do delaminacije krajnjeg razaranja laminata pri opterećenju znatno nižem od onog koje bi, se desilo da nema tih ivičnih naprezanja. Kao posledica merenja efektivna čvrstoća je niža od očekivane. Ti efekti su manje ili više izraženi, a ponekad dovode do suzbijanja iniciranja delaminacije.

Da bi se ispitao uticaj geometrije slaganja (stacking sequence) na iniciranje delaminacije kroz prisutne međuslojeve, u okviru ovog rada laminati su podvrgavani zatežućem opterećenju. Pri tom su ispitivane epruvete inverznih geometrija slaganja i različite širine. Prvo da bi se dobili različiti efekti i drugo da se dobiju efekti različitog intenziteta [4].

U toku poslednjih 30 godina brojni istraživači su koristili niz analtičkih i numeričkih metoda u pokušaju da proračunaju ova naprezanja na pravim slobodnim ivicama. Koncizan pregled različitih metoda za evaluiranje interlaminarnih naprezanja u kompozitnim laminatima je dat u radovima Kant i Swaminathan [1], Noor i Burton [5] i Reddy i Robbinsa [6].

Metoda korišćena u ovom radu za proračun ivicama indukovanih interlaminarnih naprezanja, je metoda koju su razvili Kassapogou i Lagace [7, 8]. Ona je bazirana na ravnoteži sila i momenata i principu minimizacije komplementarne energije. Primenom ove metode je proračunato trodimenzionalno stanje naprezanja za sve međuslojeve prisutne u testiranim laminatima.

Pri proučavanju uticaja geometrije slaganja na zateznu čvrstoću poprečno ukrštenih i kvaziizotropskih laminata, izvedeni su testovi zatezanja na epruvetama dve širine laminata i dve inverzne geometrije slaganja [9]. Pri ovom proučavanju zaključeno je da je u laminatima geometrije slaganja (90/0)$_s$ i (0/90/±45)$_s$ ivični efekat pozitivan, usled toga što se pojavilo ivično kompresiono naprezanje u međupovršinama 0/90 i 90/-45. Zaključeno je takođe da u laminatima (0/90)$_s$ i (±45/0/90)$_s$ da je ivični efekat negativan, usled toga što se ivično normalno naprezanje zatezanja pojavilo u međuslojevima 0/90 i 45/0. Pape i Pagano su zaključili isto za poprečno ukrštene laminate još sedamdesetih godina [10,11]. Oni su pokazali da znak poprečnog normalnog ivičnog interlaminarnog naprezanja σ_z određuje ivični efekat na zateznu čvrstoće poprečno ukrštenih laminata. Zatezno interlaminarno naprezanje σ_z u (0/90)$_s$ laminatu je odgovorno za iniciranje delaminacije i kasniju degradaciju čvrstoće. Kompresiono indukovano ivično normalno naprezanje σ_z u 0/90 međusloju odgovara epruveti (90/0)$_s$ i inhibira pojavu pukotine, čini čvrstoću zatezanja (90/0)$_s$ epruvete većom od epruvete (0/90)$_s$. Whitney i Browning [12] su interpretirali, na isti način rezultate uniaksijalne statičke i čvrstoće zamora orthotropskih simetričnih laminatnih kompozita (±45/90)$_s$ i (90/±45)$_s$. pri proučavanju uticaja geometrije slaganja na zateznu čvrstoću ugaono ukrštenih i kvaziizotropskih laminata, izvršeni su testovi zatezanja epruveta dve širine i dve inverzne geometrije slaganja [9].

2.3 EKSPERIMENTALNI DEO

Testirani u okviru ovog rada su, karbon/epoksid laminati dobijeni su presovanjen u kalupu preprega Hexcel M39. Geometrije slaganja su:

$$(\pm 45/0_2)_s \qquad (\pm 45/90_2)_s \qquad (0_2/\pm 45)_s \qquad (90_2/\pm 45)_s$$

Paralelopipedne epruvete sa podmetačima su ispitivane u testu zatezanja na univerzalnom uređaju za mehanička ispitivanja INSTRON M 1185. Pri tom su dobijene efektivne vrednosti čvrstoća zatezanja (Tabele 2.1 i 2.2).

Izgled poprečnog razaranja svih međuslojeva u svim testiranim epruvetama, je posmatran na optičkom mikroskopu pri niskom uveličanju (3 do 6x), da bi se utvrdilo da li i u kom međusloju su se pojavile pukotine. Vrednosti komponenata ivičnih interlaminarnih naprezanja (s_z^{edge} i e_z^{edge}) i deformacija (e_z^{edge} i g_{xz}^{edge}) kao funkcije 2z koordinate (Slika 2) izvedene su za sve međuslojeve ispitivanih epruveta.

Materijalne karakteristike slojeva nulte orijentacije korišćene u proračunima bile su:

$$E_1 = 168.6 \text{ GPa} \qquad E_2 = 9.52 \text{ GPa} \qquad G_{12} = 3.72 \text{ GPa} \qquad \nu_{12} = 0.298$$

2.4 DISKUSIJA

U cilju korelacije sa dobijenim vrednostima čvrstoće, elastična energija po jedinici zapremine ivičnog sloja oslobođena usled pojave ivičnih interlaminarnih naprezanja bila je proračunata (Tabele 2.1 i 2.2). Za sve prisutne međuslojeve na slobodnim ivicama oslobođena elastična energija po jedinici zapremine graničnog sloja, usled delovanja normalnog interlaminarnog naprezanja računata je preko izraza

$$E_t = \sigma_t^{edge} \varepsilon_t^{edge} \; d/b \, (kJ/m^3) \tag{2.1}$$

dok je za prisutan međusloj 45/-45 međusloj, oslobođena elastična energija po jedinici zapremine ivičnog sloja usled delovanja interlaminarnog naprezanja smicanja proračunata preko jednačine

$$E_{sh} = \tau_{sh}{}^{edge} \varepsilon \gamma_{sh}{}^{edge}\ d/b(kJ/m^3) \qquad (2.2)$$

Iz ovih oslobođenih energija međuslojeva po jedinici zapremine graničnog ivičnog sloja množenjem sa vrednošću 2d/b (*d* u mm je debljina epruvete a *b* u mm je širina epruvete) energija oslobođena po jedinici zapremine epruvete je bila proračunata: iz ovih oslobođenih energija po jedinici zapremina ivičnog sloja množenjem sa vrednošću 2d/b su izračunate preko sledećih jednačina:

a) energija oslobođena usled pojave normalnog interlaminarnog naprezanja po jedinici zapremine epruvete usled delovanja ivičnog interlaminarnog naprezanja preko jednačine (2.3)

$$E_t{}^{BR} = E_t 2d/b = \tau_t{}^{edge} \gamma_{sh}{}^{edge}\ d/b(kJ/m) \qquad (2.3)$$

b) energija oslobođena usled pojave smičućeg interlaminarnog naprezanja po jedinici zapremine epruvete preko izraza (2.4)

$$E_{sh}{}^{BR} = E_{sh} 2d/b = \tau_{sh}{}^{edge} \gamma_{sh}{}^{edge}\ d/b(kJ/m^3) \qquad (2.4)$$

Vrednost 2d/b je ivični granični deo epruvete koji predstavlja graničnu oblast, koja se nalazi na rastojanju jednakom debljini epruvete d od obe stranice epruvete.

Iz dobijeninih vrednosti čvrstoća uskih (6 mm) i širih (15 mm) epruveta ugaono ukrštenih laminata geometrija slaganja (±45/02)s i (±45/902)s (Tabela 2.1) sledi da je u tim laminatima ivični efekat

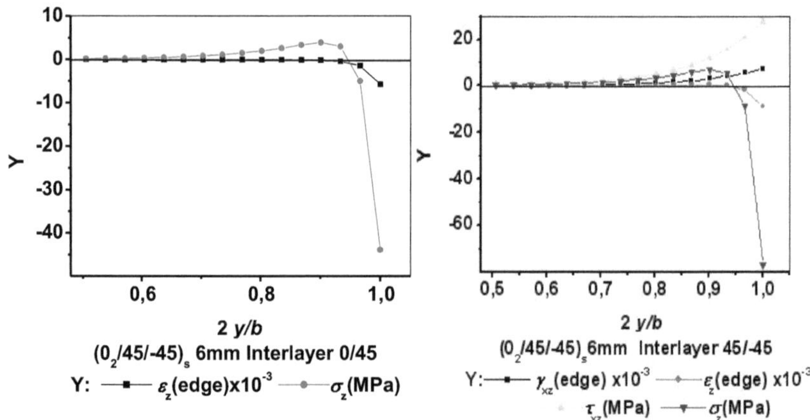

Slika 2.1 Promena komponenata interlaminarnih naprezanja i deformacije međuslojeva 0/45 i 45/-45 duž širine 6 mm epruvete laminata $(0_2/\pm45)_s$

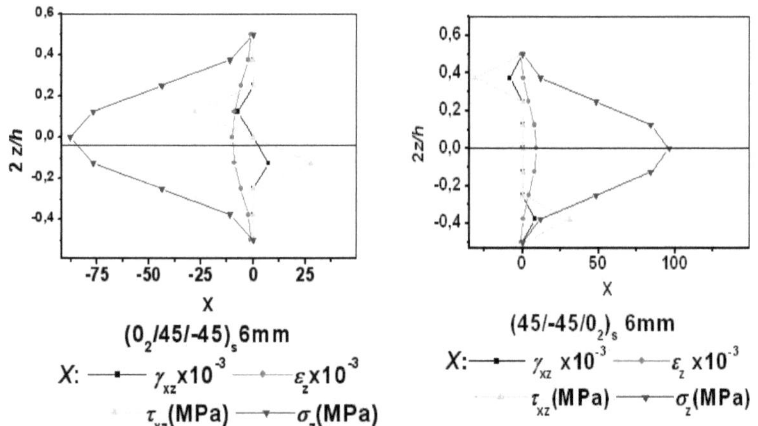

Slika 2.2 Vrednosti ivičnih interlaminarnih naprezanja (σ_z^{edge}, τ_z^{edge}) i deformacija (ε_z^{edge}, γ_z^{eged}) kao funkcije koordinate 2z/d za 6 mm široke pruvete laminata M $(0_2/\pm45)_s$ i M $(\pm45/0_2)_s$

Geometrija Slaganja	Širina pruvete (mm)	Međusloj	σ_z^{edge} (MPa)	ε_z^{edge} x10^3	t_{xz}^{edge} (MPa)	γ_{xz}^{edge} x10^3	E_t (kJm^3)	E_{sh} (kJm^3)	E_{sh}^{BR} (kJm^3)	E_t^{BR} (kJm^3)	σ_{xz}^{exp} (MPa)
$(0_2/45/-45)_s$	15	0/45	-53.1	-6.5			173			23	998±71
		45/-45	-93.0	-10.7	33.5	8.9	497	149	20	66	
	6	0/45	-43.9	-5.8			127			42	806±12
		45/-45	-76.8	-8.8	27.8	7.4	339	102	34	113	
$(90_2/45/-45)_s$	15	90/45	-235.2	-23.6			2782			371	210±4
		45/-45	-411.7	-42.1	103.9	27.7	8663	1440	192	1155	
	6	90/45	-157.4	-15.8			1245			408	143±12
		45/-45	-275.4	-28.1	69.6	18.5	3877	645	215	1271	

Tabela 2.1 Ivični efekti na zateznu čvrstoću ugaono ukrštenih laminata geometrije slaganja $(0_2/45/-45)_s$ i $(90_2/45/45)_s$

Geometrija Slaganja	Širina epruvete (mm)	međusloj	σ_z^{edge} (Mpa)	σ_z^{edge} (Mpa)	σ_z^{edge} (Mpa)	E_t^{BR} (kJm^3)	σ_{xz}^{exp} (MPa)
$(45/-45/0_2)_s$	15	-45/0	192.4	20.80	107	14	902±52
	6	-45/0	48.1	3.95	95	32	853±61
$(45/45/90_2)_s$	15	-45/90	192.4	20.84	2005	267	169±06
	6	-45/90	143.9	15.58	1121	367	129±02

Tabela 2.2 Ivični efekti na zateznu čvrstoću ugaono ukrštenih laminata geometrije slaganja $(45/-45/0_2)_s$ i $(45/45/90_2)_s$

negativan, jer su vrednosti čvrstoća širih epruveta veće od vrednosti uskih epruveta. Kao u drugim sličnim slučajevima [9-12] proračunate komponente ivičnog interlaminarnog normalnog naprezanja σ_z i deformacije ε_z u ovim epruvetama su tipa zatezanja (Slika 2.2).

Iz Tabele 2.1 je očigledno da korelacija između iznosa ivičnog efekta i vrednosti normalnog ivičnog interlaminarnog naprezanja σ_z ili oslobođene elastične energije E_t ne može biti uspostavljena. Međutim, lako je videti (Tabela 2.1) da je za laminate ovih geometrija slaganja veličina ivičnog efekta proporcionalna vrednosti E_t^{BR} (Jednačina 2.3), t.j. vrednosti oslobođene energije po jedinici zapremine ivične granične oblasti 2d/b u -45/0 i (-45/90) međuslojevima ivičnog normalnog interlaminarnog zatežućeg naprezanja. Slično kao što u slučaju proučavanja ivičnog efekta čvrstoća poprečno ukrštenih i kvaziizotropskih laminata [13], ovaj E_t^{BR} parametar nije relativna mera negativenog ivičnog efekta na merenu čvrstoću laminata geomerije slaganja $(\pm45/0_2)_s$ i $(\pm45/90_2)_s$.

U slojevima blizu središnje ravni, proračunato interlaminarno normalno kompresiono naprezanje (Slika 2.2) suzbija pojavu aksijalne pukotine u 0/45 i (90/45) međusloju. Nasuprot tome u laminatima gde su ±45 spoljašnji slojevi, normalno interlaminarno zatežuće naprezanje induckuje aksijalne pukotine u -45/0 i -45/90 međusloju. Takve pukotine su opažene u našim razorenim $(\pm45/0_2)_s$ i $(\pm45/90_2)_s$ epruvetama. Harris i Orringer [13] i Lee [14] izveštavaju o ivičnoj delaminaciji u $-\Theta/90$ međuslojevima u ugaono ukrštenim laminatima sa 90° slojem. Opažen odnos vrednosti čvrstoća širokih i uskih epruveta laminata $(\pm45/0_2)_s$ i $(\pm45/90_2)_s$ gde je negativan ivični efekat na čvrstoću laminata otkriven, može se potpuno objasniti razmatranjem koje se tiče ivičnog efekta poprečno ukrštenih i kvaziizotropskih laminata opisanim u radu [9]. Niža E_t^{BR} vrednost čvrstoće 15 mm širokih epruveta od čvrstoće 6 mme širokih epruveta, odgovara manje izraženom negativnom ivičnom efektu (veća vrednost čvrstoće) u širim epruvetama, dok veća E_t^{BR} vrednost u uskim epruvetama odgovara više izraženom negativnom ivičnom efektu (manja vrednost čvrstoće) i ovim epruvetama (Tabela 2.1). To je zato što se u ovim epruvetama laminata aksijalne pukotine ne pojavljuju u -45/0 i (-45/90) međuslojevima, usled indukovanih ivičnih interlaminarnih normalnih zatežućih naprezanja. U svim epruvetama ovih laminata aksijane pukotine nisu opažene u -45/0 i -45/90 međuslojevima.

Međutim, ovakvim razmatranjem nije moguće objasniti rezultate čvrstoća užih epruveta laminata $(0_2/\pm45)_s$ i $(90_2/\pm45)_s$. One su manje od čvrstoća širih epruveta (Tabela 2.2). Proračunate vrednosti σ_z^{edge}, i ε_z^{edge} u međuslojevima ovih epruveta su kompresionog tipa.

Široke epruvete ugaono ukrštenih laminata $(0_2/\pm45)_s$ i $(90_2/\pm45)_s$ su razorene bez značajnih interlaminarnih pukotina u 0/45 i 90/45 međuslojevima pod proračunatim normalnim kompresionim ivičnim interlaminarnim naprezanjem. Međutim, opažene su u uskim epruvetama laminata $(0_2/\pm45)_s$ i $(90_2/\pm45)_s$, kratke interlaminarne pukotine od poprečne granice loma u 45/-45° međusloju. One su bile izvesno inicirane, od indukovanih ivičnih interlaminarnih naprezanja smicanja. U uskim epruvetama laminata, sa $\pm45°$ slojevima blizu središnje ravni, gde je ivični efekat izraženiji, interlaminarno smičuće naprezanje indukuje kratke aksijalne pukotine u 45/-45 međusloju. Prema Pipes, Kaminskom i Paganu [15], ove pukotine nastavljaju da rastu kroz matricu, šire se u uzorak dovode do prevremenog krajnjeg preloma. To čini čvrstoću ovih epruveta nižom od čvrstoće širih epruveta, podvlačeći da je oštećenje koje raste u $(0/\pm45)_s$ kroz matricu.

Našim proračunima je dokazano (Tabela 2.2) da je mera negativnog ivičnog efekta u uskim epruvetama ovih laminata i E_t^{BR} energija deformacije po jedinici zapremine ivične granične oblasti oslobođena, usled ivičnog interlaminarnog smičućeg naprezanja u 45/-45 međusloju. Kao što se vidi iz Tabele 2.2, ova veličina ima veću vrednost za uske nego za široke epruvete, pa usled toga uske epruvete imaju niže vrednosti zatezne čvrstoće od širih epruveta iste geometrije slaganja.

2.5 ZAKLJUČAK

Ivični efekat na zateznu čvrstoću ugaono ukrštenih karbon/epoksid laminata sa slojevima orijentacije 0 ili 90°, bio je konstatovan poređenjem vrednosti čvrstoća epruveta sa dve širine laminata posmatrane geometrije slaganja, kao i poređenjem vrednosti čvrstoća iste širine epru-veta laminata sa inverznom geometrijom slaganja. Proračunate su vrednosti ivičnih interlaminarnih naprezanja i deformacija u svim prisutnim međuslojevima testiranih epruveta. Ustanovljeni ivični efekti su analizirani posmatranjem razaranja u testiranim epruvetama i identifikovanjem međusloja gde su aksijalne pukotine na slobodnim ivicama bile inicirane ili suzbijene. Ivični interlaminarni efekti naprezanja na iniciranje ili inhibiranje pukotina u međuslojevima koji su zbog toga doveli do merenih vrednosti čvrstoća laminata. Ovi poslednji su potom korelisani sa oslobođenom elastičnom energijom u međusloju po jedinici zapremine granične oblasti, energijom oslobođenom usled pojave interlaminarnih normalnih ili smičućih naprezanja.

Za laminate geometrije slaganja $(\pm 45/0_2)_s$ i $(\pm 45/90_2)_s$ negativan ivični efekat je konstatovan i aksijalne pukotine nisu opažene u -45/0 i

-45/90° međuslojevima razorenih epruveta. Kao mera ovog ivičnog efekta vrednost elastične energije E_l^{BR} oslobođene usled pojave pozitivnog normalnog ivičnog interlaminarnog naprezanja u citiranim međuslojevima je konstatovana. Merena čvrstoća širokih epruveta laminata geometrije slaganja ($0_2/\pm45/_s$ i ($90_2/\pm45/)_s$ je veća od čvrstoće širokih epruveta inverzne geometrije slaganja laminata. Pošto je u epruvetama normalno kompresiono ivično interlaminarno naprezanje izračunato, sledi da je ivični efekat pozitivan. U ovim širokim epruvetama aksijalne pukotine nisu opažene, jer je ivično normalno kompresivno naprezanje ($\sigma_x<0$) inhibiralo pojavu aksijalnih pukotina. Međutim, u uskim epruvetama ovih laminata, sa $\pm45°$ slojevima blizu središnje ravni, u kojima je ivični efekat mnogo izraženiji, interlaminarno naprezanje indukuje kratke aksijalne pukotine u međusloju 45/-45 stepeni, koje nastavlja da raste kroz matricu inicirajući krajnji prelom. To čini čvrstoću ovih epruveta nižom od čvrstoće širokih epruveta. Ovde je mera ivičnih efektivna vrednost čvrstoće vrednost E_{sh}^{BR}, elastične energije po jedinici zapremine granične oblasti, oslobođene usled pojave smičućeg interlaminarnog naprezanja u međusloju 45/-45.

2.6 REFERENCE I LITERATURA ZA DALJE PROUČAVANJE

1. T. Kant and K.S. Waminathan (2000) "A Selective Review and Survey of Current Development in Estimation of Transverse/ Interlaminar Stresses in Laminated Composites", Comp.Struct., 49: 65-75
2. G. Davi (1996) "Stress Fields in General Composite Laminates", AIAA Journal, 34(12): 2604-2608

3. S.Raju and J.H. Crews Jr. (1981) "Interlaminar Singularities at a Straight Free Edge in Composite Laminate", Comput. Struct., 14(1-2): 21-28

4. M.R. Pigott, M. Khatibzadeh (1998) "The Effect of Width on the Mechanical Properties of Angle Ply Laminates", Comp.Sci.Technol. 58 (3-4): 497-504

5. K. Noor and W.S. Burton (1989) "Assessment of Shear Deformation Theories for Multilayered Composite Plates", Appl.Mech.Rev., 42(1): 1-13

6. J.N. Reddy and D.H. Robbins Jr. (1994) "Theories and Computational Models for Composite Laminates", Appl.Mechan.Rev., 47(6): 47-69

7. C. Kassapoglou and P. A. Lagace (1986) "An Efficient Method for the Calculation of Interlaminar Stresses in Composite Materials", J.Appl.Mech., 53: 744-750

8. C. Kassapoglou and P.A. Lagace (1987) "Closed Form Solution for the Interlaminar Stress Field in Angle-Ply and Cross-Ply Laminates", J. Comp.Mat., 21(4): 292-308

9. R.B. Pipes and N.J. Pagano (1970) "Interlaminar Stresses in Composite laminates Under Uniform Axial Extension", J. Comp.Mat. 4 (4): 538-543

10. N.J. Pagano and R.B. Pipes (1971) "The Influence of Stacking Sequence on Laminate Strength", J. Comp.Mat. 5 (1): 50-59

11. J.M. Whitney and C.E. Browning (1972) "Free-Edge Delamination of Tensile Coupons", J.Comp.Mat 6 (2) :30-32

12. A. Harris and O. Orringer (1978) "Investigation of Angle-Ply Delamination Specimen for Interlaminar Strength Test", J. Comp.Mat.12 (3) 285-299

13. S.M Lee (1990) Failure Mechanisms of Edge Delamination of Composites. J. Comp.Mat.24 (11) 1200-1212

14. R.B. Pipes, B.E. Kaminski and N.J. Pagano (1973) "Influence of the Free Edge upon the Strength of Angle-Ply Laminates", Analysis of the Test Methods for High Moduls Fibers and Compositesed. J. Whitney, ASTM International, West Conshohocken: 218-228

15. A.W. Wharmby and F. Elluin (2002) "Damage Growth in Constrained Angle-Ply Laminates under Cycling Loading", Comp.Sci.Technol. 62(9): 1239-1247

16. M.M. Stevanovic, D.S. Markovic and D.R. Pesikan-Sekulic (2004) "Effects of Stacking Sequence on Strength of Cross-Ply and Quasi-Isotropic Carbon/Epoxy Laminates", Mat.Sci.Forum 453/454: 465-473

3. PROMENA MODULA ELASTIČNOSTI U FUNKCIJI DEFORMACIJE U LAMINATIMA KONTINUALNA KARBONSKA VLAKNA/EPOKSIDNA SMOLA

3.1 REZIME

Prikazani su rezultati izvođenja zavisnosti modula zatezanja i kompresije od deformacije u laminatima kontinualna karbonska vlakna/epoksidna smola. Ispitivani su kompoziti dobijeni od dva preimpregnata, dva proizvođača. Vrednosti promene modula elastičnosti pri zatezanju i kompresiji dobijani su u testovima određivanja modula i deformacije u sukcesivnim intervalima deformacije od početnog opterećenja pojave do prvih znakova trajne deformacije. Svi ispitivani kompoziti, sem epruveta $(\pm 45)_s$ pokazali su porast modula pri zatezanju i smanjivanje modula pri kompresiji. Promena modula sa deformacijom pripisana je promenom modula karbonskih vlakana pre svega.

3.2 UVOD

Epoksidna smola ojačana karbonskim vlaknima predstavlja klasu inženjerskih materijala koja je anizotropna na mikroskopskom i makroskopskom nivou. Usled strukture karbonskih vlakana [1], njihove elastične konstante i druge fizičke osobine su izrazito anizotropne. Međutim, za razliku od klasičnih anizotropnih materijala zavisnost njihovog modula elastičnosti od deformacije nije linearna. Precizna merenja modula elastičnosti karbonskih vlakana to dokazuju za celokupnu oblast deformacije do kidanja.

Rezultati merenja dinamičkog modula karbonskih monofilamenata Curtisa i dr. [2] referišu porast modula zatezanja od 30%, od nule do deformacije kidanja. Huges, saopštava porast između početnog i završnog modula zatezanja od 25% za više dostupnih karbonskih komercijalnih vlakana, na osnovu testova na snopovima vlakana [2].

Kao razlog nehukovskog ponašanja karbonskih vlakana pronađen je u poboljšanju slaganja neperfektnog stepena slaganja grafitnih (grafenskih) kristalita pri povećanju zatežućeg opterećenja.

Proučavanje ponašanja pri zatezanju od nule do deformacije razaranja prošireno je i na kompozite sa polimernom matricom ojačanom unidirekcionim karbonskim vlaknima. Eksperimentalni rezultati Van Dremela i Kampa [4] su pokazali da je nelinearna relacija naprezanje deformacija ostajala nepromenjena u ponovljenim testovima. Povećanje Youngovog modula od oko 30% od nultog do krajnjeg opterećenja je registrovano u tim testovima. Ishikava i saradnici [5] su izveli uniaksijalni test zatezanja na epruvetama do intermedijalnog nivoa zatezanja.

Za opis ovakvog ponašanja ovi autori primenili su suštinsku konstitutivnu jednačinu izvedenu prema teoriji nelinearne elastičnosti, koristeći koeficijente popustljivosti (engl. compliance) višeg reda i utvrdili odlično slaganje sa eksperimentalnim rezultatima. Za praktičnu primenu oni su predložili empirijsku jednačinu koja povezuje modul i deformaciju za UDK pri nižim opterećenjima [7].

Pokazano ponašanje UDK moglo bi da se objasni nelinearnim odgovorom karbonskih vlakana, ali i mogućim uticajem neusmerenosti (engl. misalignment), ali i izvijanjem (engl. buckling effect) karbonskih vlakana.

Predmet ovog rada je proučavanje zavisnosti longitudinalnih zatežućih i kompresionih modula od deformacije unidirekcionog (UDK) i multidirekcionih (MDK) kompozita različite geometrije slaganja. Da bi se procenio uticaj efekata neusmerenosti i izvijanja na zavisnost UDK modul-deformacija, testovi zatezanja su izvođeni na kompozitima sa dva tipa visokočvrstih vlakana (Torayca T300 i Brochier).

3.3 EKSPERIMENTALNA PROCEDURA

Ispitivani su kompoziti od dva slična komercijalna preprega (Brochier i Hexcel). Hexcelov prepreg je izrađen od snopova sa manjim brojem monofilamenata, tanji je i ima manju masu po jediničnoj površini (Tabela 3.1). Ploče kompozita su polimerizovane toplim presovanjem u kalupima na temperaturama 175-177°C i pod pritiskom od 500 do 600MPa. Označavanje i geometrija slaganja ispitivanih kompozita su bili sledeći:

Brochier prepreg		Hexcel prepreg	
Oznaka geometrija slaganja		oznaka geometrija slaganja	
UDC/0-B(0)$_{16T}$		UDC/0-H(0)$_{32T}$	
MDC/A-B	$(\pm45)_{4s}$	MDC/A-H	$(\pm45)_{4s}$
MDC/B-B	$(0/90)_{4s}$	MDC/B-H	$(0/90)_{4s}$
MDC/C-B	$(0/\pm45)_{3s}$	MDC/C-H	$(\pm45/0_2)_{3s}$
MDC/D-B	$(0/45/90-45)_{3s}$	MDC/D-H	$(0/\pm45/90)_{3s}$

Zavisno od vrste preprega i geometrije slaganja, gustine ispitivanih kompozita su bile 1495-1545 kg/m^3, a sardžaj vlakana 51-61 %v. Sadržaj pora u svim ispitivanim kompozitima bio je manji od 1 %v. Kompoziti iste geometrije slaganja, izrađeni od razlicitih preprega imali su različite debljne slojeva (srednja debljina UDK/O-B je bila 0.175 mm, dok je ista kod UDK/O-H bila 0.150 mm.

Mehanički testovi su izvođeni na univerzalnom uređaju za mehanička ispitivanja INSTRON M 1185. Metode testiranja su bile bazirane na ASTM standardima ASTM D3039 za test zatezanja i ASTM D 3410 za test kompresije. Test zatezanja je izvođen korišćenjem čeljusti klina probijanja (engl. wedge action grips), dok je u testovima kompresije korišćen Celanese pribor. U svim testovima, longitudinalna i transverzalna deformacija su praćene preko mernih traka. U testovima su određivane vrednosti čvrstoće, modula elastičnosti i deformacije razaranja, pri zatezanju [8] i kompresiji [7]. Iz krivih naprezanje-deformacija pri zatezanju i kompresiji tangentni modul za ispitivane kompozite je proračunavan za sukcesivne vrednosti deformacije od nule do deformacije razaranja. Dobijeni podaci zavisnosti UDK-B UDK-H i MDK-B kompozita od deformacije predstavljeni su na dijagramima Slika 2.1 i 2.2. Zavisnost modula unidirekcionih, i multidirekcionih kompozita od deformacije, izvedena linearnom regresijom predstavljena je izrazom

$$E = E_z (1 + \gamma \varepsilon) \tag{3.1}$$

Jednačina (3.1) je empirijski izraz. Konstanta E_z odgovara vrednosti modula pri nultoj deformaciji, a parametar γ predstavlja meru promene modula sa deformacijom. Efikasnost fitovanja eksperimentalnih rezultata procenjivana je preko koeficijenta linearne regresije r, kao i proračunom srednje vrednosti kvadrata odstupanja eksperimentalnih tacaka od odgovarajucih tačaka na pravoj linearne regresije - $\Delta S_{Ee}/E$ (%) (Tabele 3.2 i 3.3).

Proizvođač	Oznaka	monofi-lamenata u snopu	Sistem smole	sadržaj smole (%v)	sadržaj sparljivih. sast(%v)	masa površine sloja (g/m2)
Brochier	NCHR 108	6000	V108	39.6	3.0	458.3
Hexcel	T3T(H)	3000	F263	38.8	3.4	233.5

Tabela 3.1 Karakteristike preprega

Sa Slika 3.1 i 3.2 i naročito iz podataka prezentiranih u Tabelama 3.2 i 3.3, može se proceniti trend i iznos promene modula ispitivanih kompozita u funkciji promene deformacije. Pre svega, može se konstatovati porast longitudinalnog modula elastičnosti unidirekcionih CFRP kompozita sa deformacij om zatezanja i opadanje istog sa povecanjem deformacije kompresije. Utvrđena promena modula zatezanja od nule do deformacije razaranja od 23 % za UDK/O-H i 24 % za UDK/O-B u punoj je saglasnosti sa rezultatima Hughes [3] za razliku između početnog i finalnog modula visokočvrstih karbonskih vlakana. To je, pre svega, potvrda shvatanju da je elastično ponašanje

$E=E_z(1+\gamma\varepsilon)$(Gpa)						
Kompozit	sadržaj vlakana (%v)	E	γ	r	ΔS_{Eo} (%v)	Opseg deformacije (mm/m)
UDC/O-H	52.4	107.4	22.8	0.909	2.89	0-10
UDC/O-B	60.4	117.8	24.3	0.660	5.59	0-10
MDC/A-H	56.8	18.3	18.3	0.920	5.36	0-7
MDC/B-H	61.0	64.6	74.6	0.635	4.38	0-9
MDC/C-H	53.8	64.1	64.1	0.508	3.29	0-7
MDC/C-H	55.4	48.8	48.8	0.063	3.75	0-4

Tabela 3.2 Promena modula elastičnosti zatezanja sa deformacijom

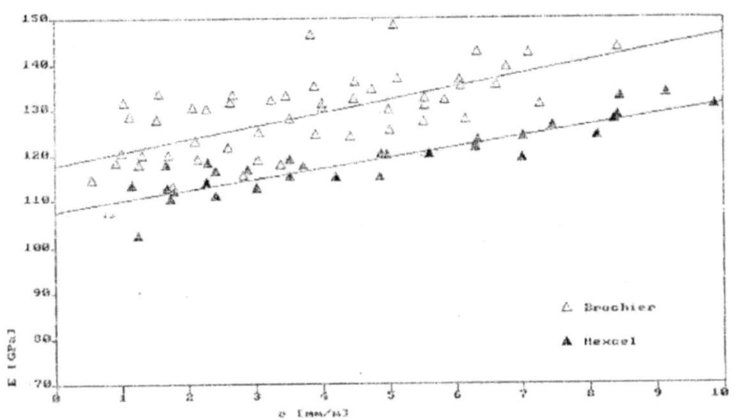

Slika 3.1 Zavisnost modula zatezanja od deformacije UDK/O komposita dobijenih od preprega Brochier i Hexcel

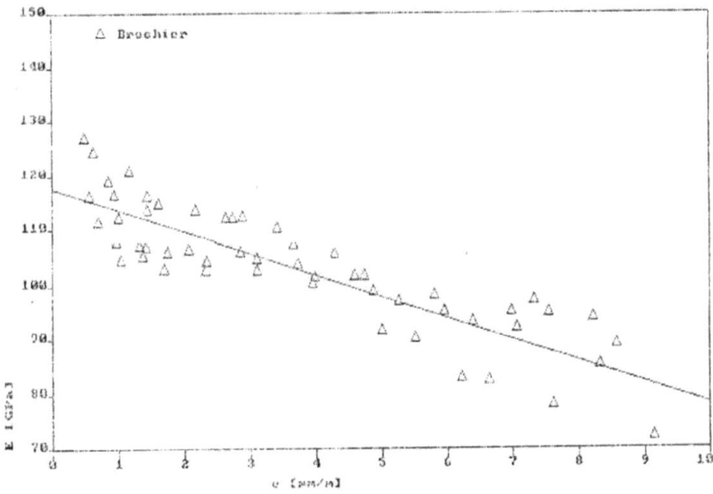

Slika 3.2 Zavisnost modula kompresije od deformacije UDK/O kompozita dobijenih od preprega Brochier

47

unidirekcionih CFRP kompozita između početnog i finalnog modula karbonskih vlakana. To ide u prilog shvatanju da je elastično ponašanje unidirekcionih CFRP kompozita određeno elastičnim nelinearnim ponašanjem karbonskih vlakana.

Neusmerenost karbonskih vlakana je izraženija kod UDCK/O-B nego kod UDCK/O-H epruveta usled većeg broja monofilamenata u polaznim snopovima vlakana, veće mase po jedinici površine i debljih slojeva u kompozitima dobijenim od preprega Brochier (Tabela 3.1). Svi nabrojani faktori su odgovorni za veću standardnu devijaciju rezultata modula za datu deformaciju i nižu vrednost koeficijenta linearne regresije r, odnosno veće odstupanje eksperimentalnih tačaka modul-deformacija od prave izvedene linearnom regresijom. Ovi faktori međutim ne određuju nagib pravih, odnosno vrednost parametra γ za dva ispitivana kompozita.

Promena modula kompresije sa deformacijom je veća od promene modula zatezanja sa deformacijom (Tabele 3.2 i 3.3). Očigledno je da je opadanje modula kompresije sa porastom deformacije kompresije povezano sa zategnutošću i porastom neusmerenosti vlakana, odnosno redukovanjem usmerenosti grafenskih turbostratičnih kristalita u karbonskim vlaknima, ali i sa smanjivanjem izvijenosti vlakana. Naime, izvijanje vlakana u UDK pri povećanju kompresionog opterećenja je uzrok veće promene modula sa kompresionom deformacijom odnosno uzrok većeg smanjivanja modula sa deformacijom pri kompresiji od povećanja modula sa zatežućom deformacijom. U testovima zatezanja i kompresije kompozita MDK/A ($\pm$45)$_{4S,}$ laminati pokazuju opadanje sa deformacijom, usled smičućih naprezanja. Kod B kompozita kriva modul-deformacija laminata odnosi se na oblast elastičnosti, a kod Hexcelovih kompozita ulazi i u oblast plastičnosti.

	E=$E_z(1+\gamma\varepsilon)$ (MGy)					
Kompozit	sadržaj vlakana (%v)	E	γ	r	$\cdot S_{E_0}$ (%v)	Opseg deformacije 10^3(mm/m)
UDC/OB	60.4	117.6	-34.3	0.874	4.75	0-10
MDC/A -B	55.0	15.1	-45.1	0.768	4.57	0-6
MDC/B-B	54.8	58.2	-39.5	0.811	7.88	0-10
MDC/C-B	58.5	53.9	2.4	0.021	19.88	0-6
MDC /D-B	54.8	47.1	-16.1	0.533	5.05	0-7

Tabela 3.3 Promena modula kompresije sa deformacijom

Kod MDK/B (0/90)s laminata rast modula sa zatežućom deformacijom i opadanje sa kompresionom deformacijom određena je elastičnim ponašenjem u slojevima 0° orijentacije. U kompozitima od preprega Hexecel MDK/C sa slojevoma orijentacije ±45° i 0°, promena modula zatezanja je za faktor 2 manja od one kod UDK(0) kompozita. MDK/D laminati geometrije slaganja (0/±45/90)$_{3S}$ ne pokazuju značajniju promenu modula u čitavoj oblasti deformacije, pa se često nazivaju kvaziizotropski laminati.

Promena modula kompleksne geomtrije slaganja u testovima kompresije (Tabela 3.3) je često manja od one koja bi se očekivala od promene modula slojeva.

3.4 ZAKLJUČAK

Elastično ponašanje kompozita karbonska vlakna/epoksidna smola različite geometrije slaganja proučavano je na kompozitima dobijenim od dva tipa komercijalnih preprega. Epruvete kompozita eksperimentalno su ispitivane u statičkim testovima zatezanja i kompresije. Svi kompoziti sem onih geometrije slaganja $(\pm 45)_{ns}$ pokazali su porast modula zatezanja sa deformacijom i opadanje istog sa porastom deformacije kompresije.

Primenjujući metodu linearne regresije na eksperimentalne vrednosti modula od nule do modula razaranja. izvedene su empirijske linearne zavisnosti modula od deformacije.

Porast modula unidirekcionih UDK sa deformacijom zatezanja pripisan je nehoukovskom ponašanju karbonskih vlakana. Veća promena kompresionog od modula zatezanja je pripisana izvijanju vlakana koje je prisutno samo kod kompresionog opterećenja. Generalno, svi MDK manifestuju manje promene modula sa deformacijom nego UDK.

3.5 REFERENCE I LITERATURA ZA DALJE PROUČAVANJE

1. L. J. Jones & P.A. Thrower (1987) "The Influence of Carbon Fiber Microstructure on Oxidation Behavior and Interfacial Adhesion in a Structural Composite", 18th Bienn. Conf. on Carbon,1. Worcester, MA 306.
2. G. J. Curtis, J. M. Milue and W. N. Reynolds (1968) "Non Hookean Behaviour of Strong Carbon Fobers" Nature, 220: 10
3. Wharmby and F. Elluin (2002) Damage Growth in Constrained Angle-Ply Laminates under Cycling Loading, Comp.Sci.Technol. 62(9): 1239-1249
4. T. Stecenko, M. Stevanovic (1986) "Variation of Elastic Moduli with Strain in Carbon/Epoxy Laminates" Jur. Comp. Mat, 24 (11) 1152-1158.

5. Schon, J., T. Nyman, A. Blom and H.A. Ansell, (2000) "Numerical and experimental investigation of delamination behavior in the DCB specimen" Compos. Sci. Technol., 60: 173-184.

6. W. H. M. van Dreumel. , J. L. M. Kamp (1977) "Non Hookean Behavior in the Fiber Direction of Carbon-Fiber Composites and the Influence of Fiber Waviness on the Tensile properties", J.Compos.Mater, 11 (4): 461-469.

7. A. W. Wharmby and F. Elluin (2002) "Damage Growth in Constrained Angle-Ply Laminates under Cycling Loading", Comp.Sci.Technol. 62(9): 1239-1247

8. Harper J.F. and T.O. Heumann (1987) "The Strain Dependance of Elastic Modulus in Unidirectiotonal Composites" Proc. 2nd Brit. Conf. TEQC 87, Guildford,189 194.

9. Stevanovic. M. and Nesic O (1987) " Characteristiques en Compression et Defaillance Due a la Compresion des Composites Carbon/Epoxyde " Annales des Composites,7: 123-162

4. NELINEARNO ELASTIČNO PONAŠANJE I ORIJENTACIJA KRISTALITA U KARBONSKIM VLAKNIMA

4.1 REZIME

Četiri različite vrste karbonskih vlakana dobijena dobijenih od PAN (poliakrilonitrlnih) vlakana (visokočvrsta, visokomodulna i dve vrste karbonskih vlakana povećane deformacije kidanja) proučavane su u standardnim testovima zatezanja monofilamenata U svim ispitivanim grupama karbonskih vlakana registrovana je nelinearna elastičnost, ali različitog stepena odstupanja od linearnosti. Vrednosti tangencijalnog modula elastičnosti u sukcesivnim intervalima deformacije (od nulte do deformacije kidanja vlakana) interpolirane su metodama linearne i regresije drugog stepena. Koeficijenti linearne i kvadratne regresije, kao i srednje kvadratno odstupanje eksperimentalnih tačaka od tačaka na interpoliranim krivama u sve četiri grupe testiranih vlakana su međusobno jednake. Kriva interpolirana kvadratnom regresijom ima svoju teoretsku osnovu, a linearnom regresijom dobijena prava interpolacije je empirijska. Međutim, pošto empirijski izraz sadrži koeficijent γ, koji se može prihvatiti kao mera elastične nelinearnosti, izvedene vrednosti koeficijenta γ su korelisane su sa parametrima strukture kristalita, odnosno sa orijentacijom kristalita ispitivanih vlakana.

4.2 UVOD

Poznato je da karbonska vlakna i unidirekcioni kompoziti karbonskih vlakana manifestuju nelinearo elastičan ponašanje pri aksijalnom opterećenju. U početku nelinearna elastičnost je opisivana linearnim izrazom modul/deformacija [1-7]

$$E_1 = E_o\left[1 + \gamma \varepsilon_1\right] \tag{4.1}$$

Izveden na osnovu rezultata za aksijalni tangencijalni modul (E) i deformaciju (ε), gornji linearni izraz predstavlja samo emprijsku relaciju. Ovaj izraz je prihvatljiv zbog svoje jednostavnosti i činjenice da sadrži koeficijent γ koji se može prihvatiti kao mera stepena odstupanja od linearne elastičnosti. Iako postoji E - σ suštinska konstitutivna (engl. fractional constitutive) jednačina za nelinearnu elastičnost unidirekcionih kompozita karbon/epoksid [8] i drugi teorijski pristupi [10, 11] koji sugeriraju kvadratni polinomski izraz za opis nelinearnosti, jednačina (4.1) je još uvek u upotrebi [9, 10].

Na osnovu nelinearne elastičnosti kompozita unidirekciona karbonska vlakna/polimerna matrica, Ishikawa i saradnici [8] su izveli suštinsku konstitutivnu relaciju za nelinearnu elastičnost sa kvadratnim imeniocem

$$E_1 = \frac{d\sigma_1}{d\varepsilon_1} = \frac{1}{(d\varepsilon_1 / d\sigma_1)} = \frac{1}{S_{11} + 2S_{111}\sigma_1 + 3S_{111}\sigma_1^2} \tag{4.2}$$

Koeficijenti, u imeniocu kvadratnog aksijanog napona su koeficijenti popustljivosti višeg reda S_{111} i S_{1111}. Ovi koeficijenti su uspešno procenjeni [8], fitovanjem konstititutivne jednačine, na osnovu eksperimentalnih rezultata iz longitudinalnih testova zatezanja epruveta UDK(0) Ishikave i saradnika [8], Curtisa et al. [1] i van Dreumel i Kampa [2]. Suštinska relacija sa procenjenim koeficijentima pokazivala je izvanredno slaganje sa eksperimentalnim modulima nelinearne elastičnosti kompozita unidirekciona karbonska vlakna/polimerna matrica. Primenom ove relacije na eksperimentalne rezultate, Ishikava i saradnici su izveli polinomsku relaciju drugog reda između longitudinalnog modula i deformacije

$$E_{\mathrm{L}} = E_{\mathrm{L}_0} + E_{\mathrm{L}1}\varepsilon \pm E_{\mathrm{L}2}\varepsilon^2 \tag{4.3}$$

U gornjoj relaciji je E_{L_0} je Youngov modul pri nultoj deformaciji, a $E_{\mathrm{L}1}$ i $E_{\mathrm{L}2}$ koeficijenti su povezani sa koeficijentima popustljivosti višeg reda S_{111} i S_{1111}. Pri fitovanju rezultata longitudinalnog modula i deformacije, procenjeno je da longitudinalni modul raste sa rastom napona (ili deformacije) do intermedijarnog nivoa zatezanja. U takvom stanju krive napon-deformacija su konkavne prema dole. Skorašnji radovi [9, 10], naročito oni u kojima su za merenje deformacije korišćene sofisticiranije metode (na primer, tačkasta (engl.speckle) korelaciona laserska tehnika [11], ultrazvučna transdjuserska tehnika (engle.Lamb ultrasonic waves technique [12], Raman spektroskopija [13]), pokazuju slaganje između eksperimenata i Ishikavine konstitutivne jednačine za nelinearnu elastičnost i podesnost kvadratnog polinoma E - ε opisanog jednačinom (4.3) za adekvatan opis nelinearne elastičnosti karbonskih vlakana i njihovih unidirekcionih kompozita.

U ovom radu su fitovani linearnom i regresijom polinoma drugog reda nizovi tangencijalnih modula i deformacija četiri vrste ispitivanih karbonskih vlakana. Sa parametrima koji reprezentuju efikasnost izvedenih fitovanja poređeni su dobijeni analitički izrazi. Da bi bolje razumeli i interpretirali njihovo nelinearno ponašanje, karbonska vlakna su proučavana u relaciji sa neuređenošću orijentacije kristalita duž ose a, kao i sa parametrima kristalne strukture vlakana. Koeficijent $\gamma = dE/Ed\varepsilon$ dobijen pri linearnoj regresiji, kao mera stepena nelinearnosti, je korelisan sa parametrima kristalitne strukture vlakana, pre svega, sa onima koji karakterišu orijentaciju kristalita duž ose *a*.

Mnogi autori se slažu [11-15] sa Shinoyaom i saradnicima, koji su dovodili u vezu nehukovsko elastično ponašanje sa odstupanjem kristalita od aksijalne orijentacije u karbonskim vlaknima [5].

Raspodela orijentacije kristalita po dužini vlakana, određena je rentgenskom analizom vlakana[15-17], iz azimutalne širine luka refleksije (002), koja predstavlja indikaciju preferentne orijentacije osnovnih strukturnih jedinica (kristalita) u odnosu na osu *a* vlakna. Parametar orijentacije, puna širina na polovini maksimalnog intenziteta FWHM, izražena u stepenima, dobijena je pri azimutalnom rentgenskom skeniranju. Pri karakterizaciji karbonske strukture karbonskih vlakana, rentgenskom difrakcijom na spraшenim uzorcima, koristeći Schrederovu jednačinu, dobijeni su uobičajeni parametri: srednje rastojanje između dva grafenska sloja – d_{002}; poprečna - L_c i longitudinalna dimenzija - L_a kristalita.

4.3 EKSPERIMENTALNI DEO

Proučavane četiri grupe komercijalnih karbonskih vlakana dobijene su polazeći od poliakrilonitrilnih (PAN) vlakana: visokočvrsta vlakna T300 firme Toray, visokomodulna vlakna firme Sigry, i dve grupe vlakana povećane deformacije kidanja, firme Hysol AX-S i Tenax HTA firme Enca. Izabrane grupe vlakana imale su različite srednje vrednosti Youngovog modula, deformacije kidanja i različite vrednosti parametara kristalne strukture (Tabele 4.2 i 4.5). Fizičke i mehaničke karakteristike ispitivanih vlakana sumirane su u Tabelama 4.1 i 4.2.

Merenje prečnika proučavanih vlakana vršeno je pomoću optičkog mikroskopa, prema standardu ISO 11567, dok je gustina seckanih vlakana određivana piknometrijskom metodom, prema standardu ISO 5018 (Tabela 4.1).Testovi zatezanja monofilamenata izvođeni su na univerzalnom uređaju za mehanička ispitivanja INSTRON M 1185, (mono vlakno montirano na kartonskom nosaču sa otvorom), prema standardnom dokumentu ISO 11566. Za vreme testa primenjeno opterećenje (P) i ekstenzija vlakna (izvedena iz pomeranja mosta kidalice) (I) registrovani su na pisaču uređaja

Vlakna	gustina [kg/m^3]	prečnik[μm]
Toray T300	1740	7.0
Sigrafil HM	1730	6.6
Hysol AX-S	1780	7.0
Tenax HTA	1800	7.0

Tabela 4.1 Fizičke karakteristike karbonskih vlakana

Sa krive I-P, veličine kao što su izduženje vlakna ΔL, popuštanje vlakna $C = \Delta L / \Delta P$ i tangencijalni modul E_i^{exp}, određivane su za sukcesivne intervale deformacije, $\Delta\varepsilon_i^{exp}$ u oblasti deformacije ε_{min} - ε_{max} Pri tom su određivane vrednosti čvrstoće $\sigma_1{}^*$i deformacije kidanja vlakana $\varepsilon_1{}^*$(Tabela 4.2).

Iz testova zatezanja monofilamenata različite merne dužine (L_o) ispitivanih karbonskih vlakana određene su vrednosti popuštanja sistema međusobno bliske za sve ispitivane kvalitete karbonskih vlakana $(C_S = 8.42(\pm 0.15) x 10^{-4}$ mm/N). Koristeći navedenu vrednost C_s, kao korekcioni faktor, prave (korigovane) vrednosti deformacije kidanja ε_1^* i korigovanih modula E_i^{corr} su izračunavane, preko relacija

$$\varepsilon_i^{\mathrm{corr}} = \varepsilon_i^{\exp} - C_\mathrm{s} \frac{\Delta P}{L_\mathrm{o}} \qquad\qquad E_i^{\mathrm{cor}} = E_i^{\exp} \frac{L_\mathrm{o}}{1 - C_\mathrm{s} \dfrac{\Delta P}{\Delta L}} \qquad (4.4)$$

U narednom tekstu $\varepsilon_i^{\mathrm{corr}}$ i E_i^{corr} karakteristike označavaju se kao ε_i, odnosno E_i. Vrednosti Youngovog modula vlakana ($E_i^{\mathrm{corr}} = E_i$) za sukcesivne intervale defromacije ($\Delta \varepsilon_i^{\mathrm{corr}} = \Delta \varepsilon_i$) svih ispitivanih grupa karbonskih vlakana, su fitovane linearnom i polinomskom regresijom drugog reda. Fitovanjem su izvedene su prave linije/parabole, odnosno njihovi analitički izrazi, uz koje su dati odgovarajući parametri regresione efikasnosti (koeficijenti linearne (r) i kvadratne regresije (r^2), kao i SD − srednje kvadratno odstupanje E_i tačaka od odgovarajućih tačaka na fitovanoj krivoj (pravoj), izračunatim preko izraza:

$$SD = \sqrt{\frac{\sum (E_i - E_i^{\mathrm{RGR}})^2}{N-2}} \qquad\qquad (4.5)$$

SD vrednosti za ispitivane grupe vlakana prikazane su na na Slikama 4.1 - 4.4. Testovi monofilamenata su izvođeni na komercijalnim Sigrafile i Hysol vlaknima, dok su ispitivana Toray i Tenax vlakna dobijena rastvaranjem matrica unidirekcionih kompozita u ključajućem rastvoru H_2SO_4 i H_2O_2.

Vlakna	$\overline{E}_1$ [GPa]	σ_1^* [MPa]	ε_1^* [mm/m]	$(\varepsilon_{min} - \varepsilon_{max}) \times 10^3$ [mm/m]
Toray T300	230±15	2800±30	10.2±0.8	0.4 - 8.6
Sigrafil HM	469±13	2570±30	06.5±0.6	0.4 - 5.6
Hysol AX-S	254±25	3100±50	14.2±2.6	0.5 - 10.5
Tenax HTA	270±24	3900±40	15.9±1.2	3.0 - 14.3

Tabela 4.2. Mehaničke karakteristike karbonskih vlakana

4.3.1 STRUKTURNA KARAKTERIZACIJA VLAKANA

Raspodela orijentacije grafenskih ravni određena je rentgenskom analizom vlakana. Tražena raspodela je dobijena iz azimutalne širine ili površine ispod (002) luka refleksije kao indikacija preferentne orijentacije kristalita bazična u odnosu na osu vlakna, kao što je predstavljeno na Slici 1. Parametar FWHM preferentne orijentacije Z je puna širina na polovini maksimalnog intenziteta FVHM dobijena azimutalnim skeniranjem, izražena u stepenima. Tekstura vlakna se opisuje raspodelom intenziteta ugla rasipanja ($I(\Phi)$) i koristeći parametar orijentacije Z.

Difrakcioni dijagram je izveden transmisionim načinom [15], na Brukerovom D8 usavršenom difraktometru sa fokusirajućim monohromatorom od kristala Ge (tipa Johansson) koji je generisao $CuK_{\alpha 1}$ zračenje. Merenja su izvršena u 2θ oblasti $20° \leq 2\theta \leq 80°$ sa korakom $0.05°$ i ekspozicijom 5 sec. Φ oblast bila je $-\pi/2 \leq \Phi \leq \pi/2$, sa korakom $1°$ i ekspozicjiom 10 sec. Maksimum raspodele difrakcionog intenziteta (002) je prvo određena kao funkcija θ za $\Phi = 0$ i $\Phi = \pi/2$. Koristeći ove podatke maksimuma linije, određivana je integralna širina linije i osnove ispod linije. Raspodela intenziteta iznad Φ oblasti $[-\pi/2 \leq \Phi \leq \pi/2]$ je merena za fiksirano θ ($\theta = \theta_{max}$), a oduzimana je osnova za ovu vrednost θ.

4.4 DISKUSIJA

Niz vrednosti tangencialni modul-deformacija za četiri grupe ispitivanih karbonskih vlakana fitovan je linearnom i kvadratnom regresijom. Poređeni su izrazi dobijeni fitovanjem i parametri koji predstavljaju efikasnost fitovanja (Slike 4.1 i 4.4). Analiza izraza dobijenih linearnom i kvadratnom regresijom pokazuje da sve ispitivane grupre karbonskih vlakana ispoljavaju odsupanje od linearne elastičnosti, ali različitog intenziteta. Vrednosti koeficijenta γ , kao mera stepena nelinearnosti variraju od 8.81 za Sigrafil HM do 17.18; 22.64 odnosno 24.00 za Hysol XAS, Toray T300 odnosno Tenax HTA vlakna (Tabela 4.3).

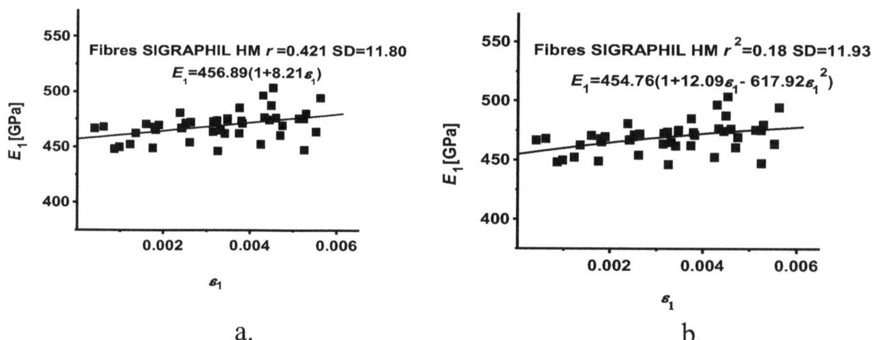

Slika 4.1. Relacija modul deformacija dobijena regresijom podataka
E –ε Sigrafil HM vlakana
a. linearna regresija b. kvatratna polinomska regresija

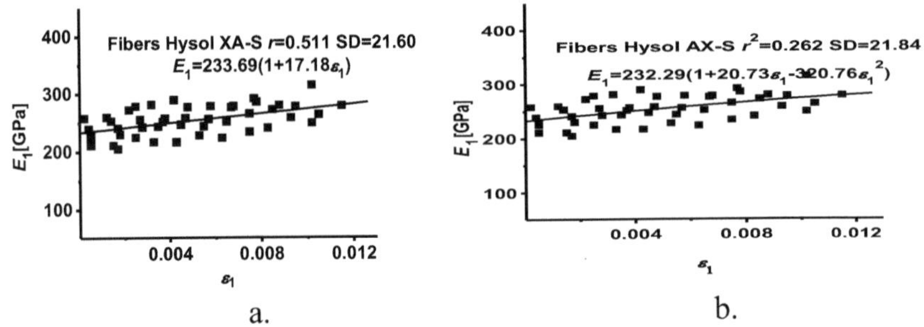

Slika 4.2 Relacija modul-deformacija dobijena regresijom podataka $E-\varepsilon$ Hysol XA-S vlakana

a. linearna regresija b. kvadratna polinomska regresija

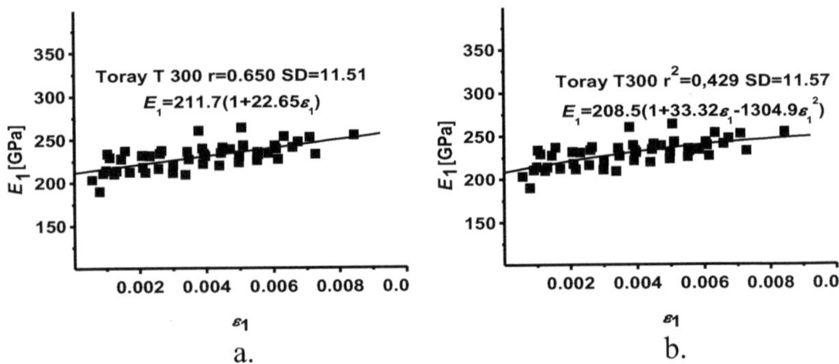

Slika 4.3 Relacija modul-deformacija dobijena regresijom podataka $E-\varepsilon$ Toray T300 vlakana.

a.linearna regresija_b. kvadratna polinomska regresija

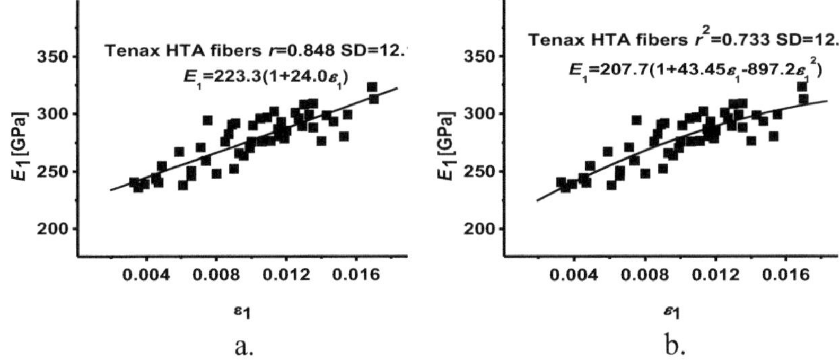

Slika 4.4 Relacija modul-deformacija dobijena regresijom podataka $E-\varepsilon$ Tenax HTA vlakana

a. linearna regresija b. kvadratna polinomska regresija

Koeficijenti r linearne-LR i kvadratne regresije-P(2) kao i SD vrednosti za obe regresije, su jednaki u svakoj od ispitivanih grupa vlakana (Tabela 4.3). Vrednosti koeficijenata linearne i kvadratne regresije za ispitivana vlakna su niski (Tabela 4.3). Usled velikog broja eksperimentalnih tačaka, odnosno E-e parova (44 do 49) obuhvaćenih fitovanjem, za sve 4 ispitivane grupe vlakana dobijene SD vrednosti su male (11.5 do 21.9 GPa) u odnosu na srednje vrednosti modula (230 do 470 GPa), tako da su koeficijenti varijacije srednjih kvadratnih odstupanja CV(SD) manji od 10 [%]. Uprkos niskim vrednostima koeficijenata regresije, SD odnosno CV(SD) vrednosti sugeriraju pouzdanosti E-e relacija izvedenih fitovanjem. Vrednosti g koeficijenta dobijene iz testova zatezanja monofilamenata visokočvrstih Toray i Tenax karbonskih vlakana slažu se sa g vrednostima kompozita karbon-epoksid UDK(0) ojačanih ovim vlaknima referisanim u literaturi [3-6].

Slaganje je potpuno između γ vrednosti za vrednosti UDK(0) ojačanih Tenax HTA vlaknima [16] i vrednosti dobijenih u ovom radu za Tenax

HTA vlakna. Slaganje nešto manje, ali još uvek zadovoljavajuće između γ vrednosti dobijenih za UDK(0) ojačanih Toray T 300 vlaknima [16] i za ista vlakna u toku ovog proučavanja. Koeficijenti linearne(r) i kvadratne regresije-P(2), kao i SD vrednosti linearne i kvadratne regresije za svaku od ispitivanih grupa vlakana su međusobno jednaki (Tabela 4.4)

Fitovane krive kvadratne regresije paraboličnog oblika prema dole, imaju, dakle, teorijsku osnovu (Ishikava et al. 1985; Moser et al. 2003) [8, 9], dok je linearnom regresijom dobijen samo empirijski izraz. Međutim, kako linearna relacija sadrži koeficijent γ, koji se usvaja kao mera elastične nelinearnosti, izvedene vrednosti koeficijenta γ su korelisane sa parametrima kristalne strukture karbonskih vlakana, posebno sa onima koji karakterišu orijentaciju kristalita. Dakle, da bi se bolje razumelo i interpretiralo nehukovsko ponašanje karbonskih vlakana je proučavano u odnosu na neuređenost orijentacije kristalita duž ose a, kao i u odnosu na parametre kristalne strukture karbonskih vlakana.

Vlakna	γ	$\overline{E}$ [GPa]	ε_1^* [mm/m]	FWMH [°]
Sigrafil HM	8.81	469±13	06.5±0.6	22.72
Hysol XA-S	17.18	254±25	14.2±2.6	23.56
Toray T300	22.64	230±15	10.2±0.8	26.51
Tenax HTA	24.00	270±24	15.9±1.2	28.18

Tabela 4.3 Korelacija karakteristika testiranih mono filamenata i stepena elastične nelinearnosti

4. 4.1 KORELACIJA NELINEARNE ELASTIČNOSTI I NEUREĐENOSTI ORIJENTACIJE KRISTALITA

Iz dijagrama raspodele intenziteta kao funkcije azimutalnog ugla Φ, dobijene pri azimutalnom rendgenskom skeniranju, izvedene su FWHM vrednosti kao parametar koji karakteriše neuređenost orijentacije kristalita duž ose a. Ove FWHM vrednosti su korelisane sa vrednostima koeficijenta γ kao mere stepena odstupanja od elastične linearnosti (Tabela 4.3). Iz podataka prezentiranih u Tabeli 4.3 opaža se da nižim vrednostima γ koeficijenta, tj.nižem stepenu nelinearnosti odgovara veća preferentna orijentacija kristalita (duž ose a) odnosno niža FWMH vrednost. Teško je reći da postoji linearna proporcionalnost između γ i FWMH vrednosti, usled posebnog oblika fitovane parabole konveksne prema dole i najniže regresione efikasnosti (Slika.4.1). Najniža vrednost γ koeficijenta je registrovana kod Sigrafil HM vlakana, najvećeg modula i najmanje deformacije kidanja vlakana. Veće vrednosti γ koeficijenta su izvedene za visokočvrsta karbonska vlakna prve i druge generacije. Mada je teško izvesti korelaciju između njihovih srednjih vrednosti modula i deformacije kidanja i koeficijenta γ, dijagrama raspodele intenziteta kao funkcije azimutalnog ugla Φ, dobijene pri azimutalnom rentgenskom skeniranju, izvedene su FWHM vrednosti kao parametar koji karakteriše neuređenost orijentacije kristalita duž ose a.

Iz podataka prezentiranih u Tabeli 4.3. opaža se da nižim vrednostima γ koeficijenta, tj. nižem stepenu nelinearnosti odgovara veća preferetna orijentacija kristalita (duž ose *a*) odnosno niža FWMH vrednost. Najniža vrednost γ koeficijenta je registrovana kod Sigrafil HM vlakana, najvećeg modula elastičnosti i najmanje deformacije kidanja vlakana. Veće vrednosti γ koeficijenta su izvedene za visokočvrsta karbonska vlakna prve i druge generacije. Mada je teško izvesti korelaciju između njihovih srednjih vrednosti modula i deformacije kidanja i koeficijenta γ.

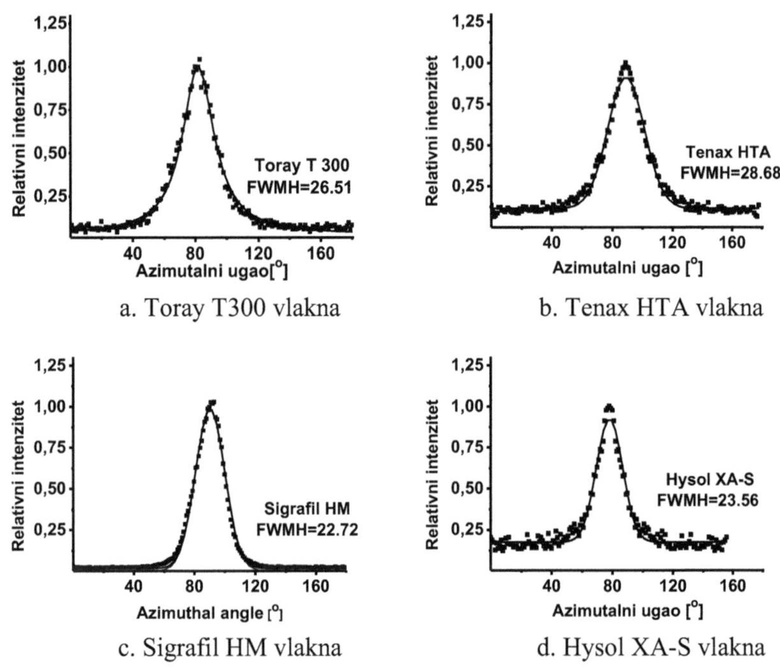

a. Toray T300 vlakna

b. Tenax HTA vlakna

c. Sigrafil HM vlakna

d. Hysol XA-S vlakna

Slika 4.5 Dijagrami relativni intenzitet - azimutalni ugao

Nižim vrednostima koeficijenta γ odgovaraju niže vrednosti FWHM (veća preferentna orijentacija kristalita duž ose *a*). Ne postoji linearna proporcionalnost između γ i FWHM vrednosti za Sigrafil i ostala ispitivana vlakna, zbog izraženijeg konkavnog oblika fitovanih parabola i najniže regresione efikasnosti. Iz eksperimentalno izračunatih vrdnosti koeficijenata γ i FWMH vrednosti za proučevane grupe karbonskih vlakana izvodi se eksponencijalna zavisnost između ove dve veličine (Slika 4.6).

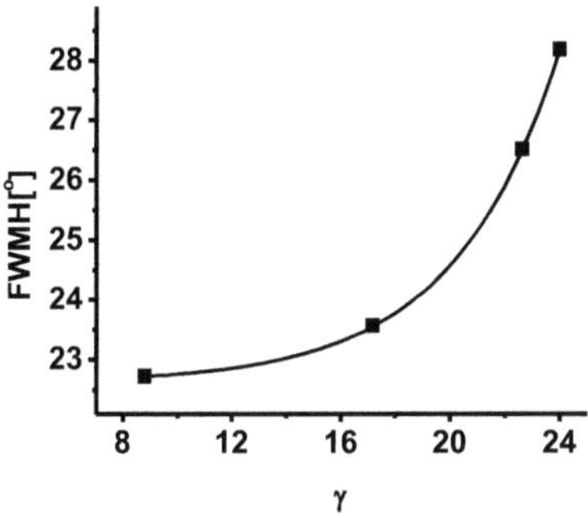

Slika 4.6 Zavisnost FWMH – koeficijent γ

Parametri karbonske strukture vlakana: L_c L_a, d_{002} i B (širina na polovini maksimalnog intenziteta (002) profila), izvedenih rentgenskom difrakcijom na uzorcima praha svih testiranih vlakana, iz položaja maksimalnog pika na difrakcionim dijagramima (Slika 4.7), su korelisani sa vrednostima koeficijenta γ. Difrakcioni dijagrami Sigrafil i Hysol vlakana pored (002) profila imaju manji pik oko 10 stepeni, koji povezujemo sa ostatcima epoksi strukture od epoksi sajzinga na ovim vlaknima. Toray T300 i Tenax vlakna za analizu rentgenskom difrakcijom nisu dobijena rastvaranjem smole iz unidirekcionih kompozita u vrelom rastvoru H_2O_2 i H_2SO_4 pa nemaju ostataka epoksi smole, niti malog pika na oko 10 stepeni.

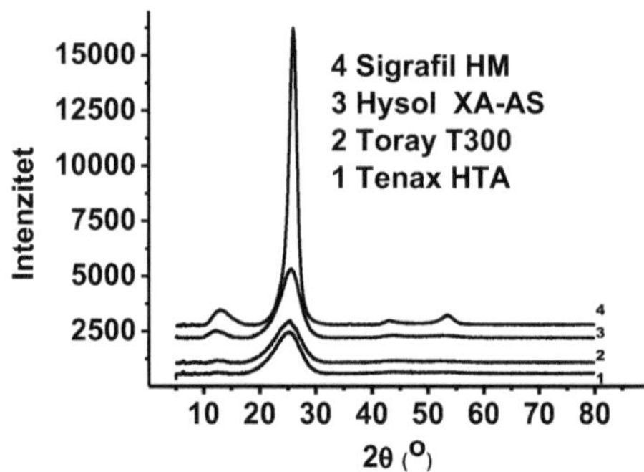

Slika 4.7 Rentgenski difrakcioni dijagrami

Dobijene d_{002} vrednosti testiranih vlakana su znatno veće od iste kod grafita, jer je karbon u vlaknima "turbostratičan", što znači da ne postoji regularan red slaganja ravni slojeva. Podaci iz Tabele 4.4 prikazuju proporcionalnost između B i γ i recipročan odnos između L_c i γ vrednosti. Razvijeni kristaliti pokazuju veći strukturni red i nižu neelastičnost tako da su L_c i B recipročni parametri.

Materijal	L_{002}	L_c	$L_{a\parallel}$	$L_{a\perp}$	B(°)	$\gamma = dE/d\varepsilon$
Grafit	0.3354					
Sigrafil HM	0.3414	4.77	10.5	9.8	1.69	8.55
Hysol AX-S	0.3511	1.97	6.9	5.4	4.09	15.9
Tenax HTA	0.3549	1.54	4.5	3.9	5.28	25.0
Toray T 300	0.3589	1.53	5.2	5.1	5.26	23.7

Tabela 4.4 Karakteristike kristalne strukture karbona i koeficijent stepena nelinearne elastičnosti γ karbonskih vlakana

4.5 ZAKLJUČAK

Pri testovima zatezanja četiri ispitivane grupe karbonskih vlakana, različitih karakteristika se manifestovala nelinearna elastičnost. Nizovi tagencijalnih modula i deformacija fitovani su sa istom efikasnošću linearnom i kvadratnom regresijom. Fitovane parabole iz kvadratne regresije su bile konveksne prema dole, što pledira u korist shvatanja koje smatra da longitudinalni modul raste sa deformacijom do intermedijarnog nivoa zatezanja i da je adekvatna relacija nehukovske elastičnosti karbonskih vlakana polinom drugog stepena. Međutim, pošto fitovana linearna relaciji sadrži koeficijent γ, koji može biti mera elastične nelinearnosti, izvedena vrednost koeficijenta γ - ε korelisana sa parametrima karbonske kristalitne strukture, posebno sa onim parametrima koji karakterišu orijenta ciju kristalita. Kao opšte prihvaćeno shvatanje FWMH raspodela u funkciji azimutalnog ugla je usvojeno kao parametar koji karakteriše orijentaciju kristalita duž ose *a* karbonskih vlakana.

Dobijeni rezultati su pokazali da manjem odstupanju od linearne elastičnosti (nižim vrednostima koeficijenta γ) odgovara veća preferentna orijentacija kristalita duž ose a (niže vrednosti FWMH). Utvrđena eksponencijalna proporcionalnost između γ i FWMH znači da FWMH raste eksponencijalno sa porastom stepena nelinearnosti. Određena γ vrednost visokomodulnih vlakana je posledica najniže neuređenosti orijentacije kristalita duž ose *a*, ali takođe i posebno izraženog konveksnog oblika fitovane parabole i najniže regresione efikasnosti. Koeficijent γ Sigrafil vlakana, najvećeg modula i najniže deformacije kidanja niži je nego vrednost iste veličine visokočvrstih vlakana prve i druge generacije. Međutim, kod visokošvrstih vlakana se ne može utvrditi nikakav odnos između koeficijenta γ (stepena nelinearnosti), modula i deformacije kidanja, kao što je to slučaj kod visokomodulnih vlakana. Na osnovu ostalih glavnih parametara strukture karbonskih vlakana, određenih difrakcijom X- zraka izvedena je recipročna relacija između lateralne dimenzije kristalita i koeficijenta γ. To je povezano sa činjenicom da rast kristalita dovodi do većeg strukturnog reda i manjeg stepena nelinearnosti.

4.6 REFERENCE I LITERATURA ZA DALJE PROUČAVANJE

1. Curtis, J. M. Milue and W. N. Reynolds (1968) "Non Hookean Behaviour of Strong Carbon Fibers" Nature, 220: 10
2. W. H. M. van Dreumel. , J. L. M. Kamp (1977) "Non Hookean Behavior in the Fiber Direction of Carbon-Fiber Composites and the Influence of Fiber Waviness on the Tensile properties", J.Compos.Mater, 11 (4): 461-469
3. J. D. H. Hughes (1986) "Strength and modulus of current carbon-fiber", Carbon, 24: 551-5564. J. F. Harper, T. O. Neuman (1987) "The strain dependence of elastic modulus in unidirectional composites", Proc.2nd Conf.TEQC 87, Guildford, 189-1935.
4. M. Shioya M, E. Hayakawa, A. Takaku (1996) "Non-hookean Stress-Strain Response and Changes in Crystallite Orientation of Carbon Fibers" J.Mater.Sci., 31: 4521-45326.
5. P. A. Lagace,(1985) "Nonlinear stress-strain behavior of graphite/epoxy laminates" AIAA, 23: 1583-1589
6. T. B. Stecenko, M. M. Stevanovic.(1990) "Variation of' elastic moduli with strain in carbon/epoxy laminates" J.Compos.Mater., 24:1152-1158
7. T. Ishikava T,M. Matsushima M, Y. Hayashi Y (1985) "Hardening nonlinear behavior in longitudinal tension of unidirectional carbon composites", J.Mat.Sci.,20 4075-4083

8. B. Moser B, L. Weber, A. Rossoll A, A. Mortensen (2003) "The influence of nonlinear elasticity on the determination of Weibull parameters using the fibre bundle tensile test", Composites Part A: App.Sci.Manufact 34 (9): 907-914

9. K. L. Reifsnider, V. Tamuzs, S. Ogihara(2006)."On nonlinear behavior in brittle heterogeneous materials", Comp.Sci.Techn., 66(14): 2473-2478

10. D. Loidl, H. Peterl, M. Mulerk, C. Riekel, M. Müller, O. Paris (2003) "Elastic Moduli of nanocrystallites in carbon fibers measured by in-situ X-ray micro beam diffraction", Carbon 41: 563-570

11. N. Toyoma, J. Takatsaubo (2004), "An investigation of nonlinear elastic behavior of CFRP laminates and strain measurement using Lamb waves", Comp.Sci.Technol. 642509-2516

12. Y. Huang, J. R. Young (1955) "Effect of fiber microstructure upon the modulus of PAN-based and pitch-based carbon fibres", Carbon, 33(2): 97-107

13. J. Yamashita, M. Shinoya, T. Hashimoto, A. Takaku (1999) "Preferred orientation induced in polycarbamide-based carbon films by streching", Carbon, 37 (4): 625-630

14. W. Ruland (1967) "X-ray studies of preferred orientation in carbon fibers", J.ApplPhys., 38 (9): 3855-3859

15. C. Sauder, J. Lamon, R. Pailler, "Thermomechanical properties of carbon fibers at high temperatures (up to 2000oC)", Comp. Sci.Technol., 62 (4) 499-50415. O. Paris, D. Loidl, H. Peterlik (2002) "Texture of PAN and pitch-based carbon fibers", Carbon, 40 (4): 551-555

16. Stevanovic. M. and Nesic O (1987) "Characteristiques en Compression et Defaillance Due a la Compresion des Composites Carbon/Epoxyde " Annales des Composites,7: 123-162

5. EFEKTI GAMA OZRAČIVANJA I ODGREVANJA NA KOMPOZITE KARBONSKA VLAKNA/EPOKSIDNA SMOLA

5.1 REZIME

Gama ozračivanje do različitih doza (4.8-27.2 MGy) je izvršeno na ploče unidirekcionih kompozita karbonska vlakna/epoksidna smola. Unidirekcioni kompoziti ozračeni do različitih doza odgrevani su u vakuumu na temperaturama od 180°C i 250 °C. Brzina oslobađanja energije deformacije pri delaminaciji G_{IC} kao mera žilavosti delaminacije, određivana je Načinom 1 i DMA testiranjem epruveta dvostruke grede. Temperatura staklastog prelaza T_g matrice kompozita određivana je u DMA testovima. Efekti gama ozračivanja mereni su na uzorcima odgrevanim na temperaturama ispod i iznad temperature staklastog prelaza matrice, 180°C i 250°C. Pri tome su određivane G_{IC} vrednosti: srednje vrednosti G_{ICMEAN} kao srednja vrednost G_{IC} sa 10 tačaka prostiranja prsline od iniciranja $G_{IC,INIT}$ do kraja $G_{IC,END}$. Ove vrednosti su analizirane u funkciji doze i temperature odgrevanja, kao i mogućih mehanizama i fenomena ozračivanja i odgrevanja.

5.2 UVOD

Delaminacija je jedan od najčešćih oblika razaranja laminata, a otpor prostiranju delaminacije je vrlo korisna veličina pri projektovanju građe i razvoju materijala. Bolje razumevanje otpora delaminaciji laminata je vrlo korisno pri strukturnom projektovanju i razvoju materijala. Kod kontinualnim vlaknima ojačane plastike vrednost kritične brzine oslobađanja energije deformacije pri delaminaciji G_{IC} koristi se kao mera žilavosti materijala [1-4]. Pereira i de Morais [3] i Brunner i saradnici [4] su obratili posebnu pažnju na fenomen premošćivanja vlakana i njegov uticaj na proračunate vrednosti G_{IC}. Pereira i de Morais

[3] su potvrdili da kad dolazi do izraženog efekta fenomena premošćivanja vlakana za vreme prostiranja pukotina u DCB Mode 1. testu, to značajno povećava $G_{IC,MEAN}$ vrednosti. U tom slučaju Pereira i de Morais preporučuju da se koriste GIC, $_{INIT}$ vrednosti iniciranja prsline sa filma generatora startne prsline kao jedinu i pravu interlaminarnu karakteristiku. Štaviše oni su ukazali da je G_{ICINIT} nezavisna od delaminirane površine i fenomena nastalih pri prostiranju prsline.

5.3 EKSPERIMENTALNI DEO

Rastuća industrijska primena kompozita sa plastičnim matricama (PMC), uključujući radijaciono polje (kao što su adhezivi za matrice strukturnih kompozita, obloga radioaktivnog otpada, delovi u okolini nuklearnih centrala, avioni i vasionske letilice, sterlilizatori i akceleleratori) čine neophodnim upoznavanje starenja PMC indukovanog nuklearnim delovanjem. Poznato je u literaturi mnogo o efektima ozračivanja i manje o efektima odgrevanja (određenih matricom i međslojem vlakna/matrica) i termomehaničkim osobinama, ugljeničnim vlaknima ojačanih smola. U mnogim slučajevima poznati su efekti, ali neizvesni su dominantni mehanizmi uočenih promena. Promene osobina usled delovanja jonizujućeg zračenja su uglavnom povezivane sa hemijskim reakcijama, kao što su kidanje polimernih lanaca ili njihovo povezivanje [5,6]. Međutim, situacija u vezi sa efektima ozračivanja je mnogo složenija, usled velike osetljivosti matrice na okolnu sredinu (kiseonik) i sastava sistema smole (antioksidanti, aditivi, plastifikatori, agensi procesiranja itd) [5]. Milković i Heraković [6] su ukazali da je opaženo radijaciono degradiranje elastičnih i karakteristika čvrstoće usled degradiranja matrice, vrlo složeno, više na povišenim i manje na nižim temperaturama.

U okviru ovog rada proučavani su efekti ozračivanja u intervalu doza 4,8 do 27,2 MGy i termičkog tretiranja u vakuumu na temperaturama iznad 180°C i ispod 250°C i temperature staklastog prelaza matrice. Pri tom je proučavana brzina oslobađanja energije pri delaminaciji unidirekcionog kompozita, G_{IC} na sobnoj temperaturi pre i posle ozračivanja i termičkih tretiranja. G_{IC} vrednosti u funkciji doze ozračivanja su korelisane sa temperaturom staklastog prelaza. Opaženi efekti su objašnjavani fenomenima i konkurentnim mehanizmima: kidanjem polimernih lanaca, njihovim poprečnim povezivanjem, stvaranjem i evakuacijom gasovitih produkata interakcije zračenja i matrice, promenama plastičnosti matrice, sposobnošću međufaze vlakno-matrica da prenosi opterećenje. Detektovanjem premošćivanja vlakana pri prostiranju prsline srednja vrednost $G_{IC,MEAN}$ je odbačena kao relevantna interlaminarna karakteristika.

5.4 MATERIJAL

Laminirane ploče su pripremljene od Twaronovog preprega visokočvrsta karbonska vlakna/epoksidna smola koju je isporučio Hexcel. Epoksidna smola je bila tetraglicidil p-aminofenolni derivat metilendianilina. Ploče su dobijane vrućim presovanjem (175°C), prema uslovima procesiranja preporučenim od isporučioca. Iz laminatnih ploča kompozita pre i posle ozračivanja isecane su epruvete odgovarajućeg oblika i dimenzija za ispitivanje prostiranja prslina delaminacijom u dvostrostrukoj gredi Načinom 1. (engl. testing of Mode 1. crack propagation as the DCB).

5.5 OZRAČIVANJE I TERMIČKO TRETIRANJE

Ozračivane ^{60}Co gama zracima do doza u intervalu 4,8 do 27,2 MGy je izvođeno fluksom od 12,0 kGy/h na sobnoj temperaturi. Deo ozračenih i neozračenih epruveta je odgrevan u vakuumu na temperaturama 180°C i 250°C. Epruvete dvostruke grede dimenzija (3,6mmx25 mmx125 mm) (Slika 5.1) su isecane iz ploča. PTFE (politetrafluoretilenski) film debljine 13,0 μm je korišćen da generiše inicijalnu prslinu.

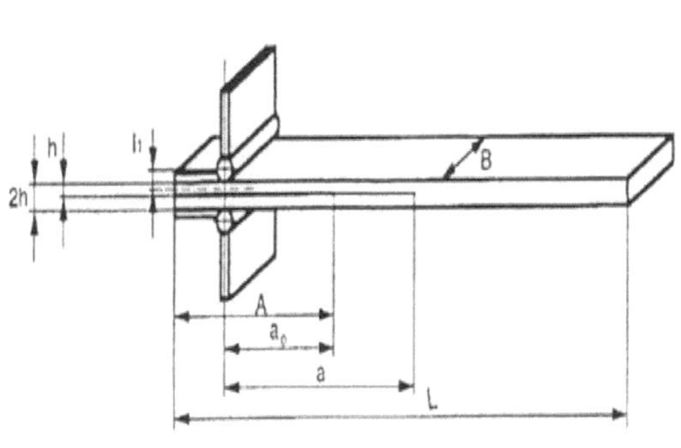

Slika 5.1 Geometrija epruvete dvostruke grede sa PTFE filmom kao inicijatorom prsline (isprekidana linija) i klavirskim šarkama za prenošenje opterećenja.

Na slici 5. 1, B je širina epruvete, l1 rastojanje od ose klavirske šarke do središnje ravni epruvete, 2h je debljina, a L ukupna dužina epruvete.

Proce dura ispitivanja je prema ISO 15024 standardnom dokumentu. DCB test je izvođen na univerzalnom uređaju za mehanička ispitivanja INSTRON 1185, prema Metodi B ISO standarda 15024. Kritična oslobođena energija G_{IC} je izračunavana preko formule

$$G_{IC}= (3m/4h(P/B)^2(\rho-C)^{2/3}$$
(5.1)

Njena srednja vrednost $G_{IC,SRED}$ ili $G_{IC,MEAN}$ u literaturi poznata kao srednja vrednost svih (10) tačaka u početku se smatrala kao mera žilavosti delaminacije, ali ustanovljavanjem prisutnog fenomena premošćivanja vlakana pri prostiranju prsline delaminacije G_{ICSRED} je odbačena kao irelevantna interlaminarna karakteristika.

Pri analizi mogućih dominantnih mehanizama ozračenih sa delaminiranim prslinama pri termičkim tretiranjima odbačena je mogućnost korisćenja upoređivanja promene znaka temperature staklastog prelaz i promene znaka $G_{IC,INIT}$ za određivanje mehanizma i pri termičkom tretiranju.

5.6 EFEKTI OZRAČIVANJA

Promene G_{IC} vrednosti pri ozračivanju i odgrevanju su korelisane sa dozom ozračivanja kao i sa vrednostima temperature staklastog prelaza matrice (Sekulić i sarad. 2009). Opaženi efekti na G_{IC} teško se mogu objasniti svim konkurentim mehanizmima: kidanjem ili poprečnim povezivanjem polimernih lanaca, stvaranjem gasovitih produkata i njihovom evakuacijom (za vreme odgrevanja), promenom plastičnosti matrice ili promenom sposobnosti međufaze vlakno/matrica da prenosi opterećenje.

Promene osobina usled delovanja jonizujućeg zračenja u početku su uglavnom povezivane sa hemijskim reakcijama, kao što su kidanje polimernih lanaca ili njihovo poprečno povezivanje [5,6]. Međutim, situacija u vezi sa efektima ozračivanja je mnogo složenija., usled velike osetljivosti matrice na okolnu sredinu (kiseonik) i sastav sistema smole (antioksidanti, aditivi, plastifikatori, agensi procesiranja itd) [5]. Upravo Milković i Heraković [6] su ukazali da je opaženo radijaciono degradiranje elastičnih i karakteristika čvrstoće usled degradiranja matrice složenije, više na povišenim nego na nižim temperaturama.

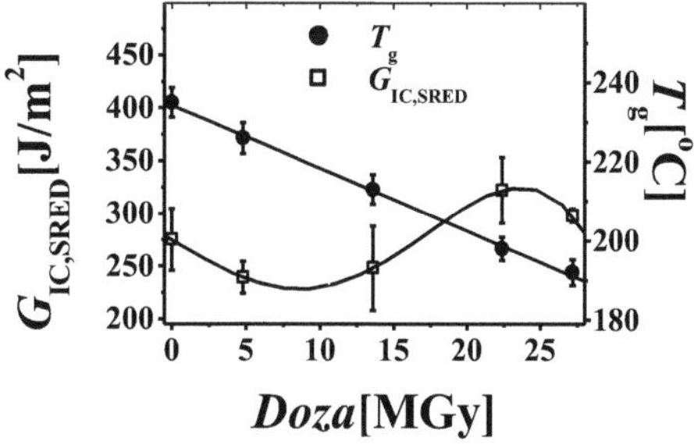

Slika 5.2 $G_{IC,MEAN}$ i T_g vrednosti kao funkcija doze ozračivanja

Poredeći dijagrame T_g i $G_{IC,MEAN}$ (Slika 5.1), kao i T_g i $G_{IC, INIT}$ (Slika 5.3) u funkciji doze ozračivanja, može se zaključiti da posle ozračivanja dozama u intervalu od 13.6 do 22.4 MGy ne možemo pouzdano znati koji je dominatni mehanizam prostiranja delaminacione prsline. Prema našim rezultatima pri porastu doze ozračivanja do doze od oko 4,8MGy sve vrednosti $G_{IC,MEAN}$, $G_{IC,INIT}$ i T_g opadaju, a posle toga počinju da rastu. Vrednosti $G_{IC,MEAN}$ rastu do doze 22,4 MGy. Posle toga opadaju sa porastom doze ozračivanja. T_g vrednosti opadaju linearno od nulte do najviše doze pri ovim našim ispitivanjima (Slika 5.1). Ozračivanje dozom od 13,6 do 22.4 MGy dovodi do porasta srednje vrednosti G_{ICSRED} (Slika 5.1). Posle ozračivanja dozom od 13,6 do 22.4 MGy, o dominantnom mehanizmu ne može se suditi poređenjem znaka promene $G_{IC,MEAN}$ i temperature staklastog prelaza T_g i ne može se konstatovati da je mehanizam kidanja lanaca dominantan mehanizam za promenu srednje vrednosti G_{IC} pri ozračivanju. Promena srednje G_{IC} vrednosti pri ozračivanju dozom većom od 22.4 MGy je pripisana kao hipoteza, povećanju porasta plastičnosti matrice (Sekulić i Sarad, 2009). Analiza vrednosti tvrdoće i modula elastičnosti obe faze u kompozitu određena u testovima nanoindentacije i njihovom korelacijom sa promenom znaka vrednosti T_g je opravdala ovu hipotezu.

Poznato je u literaturi [15] mnogo o efektima ozračivanja i manje o efektima odgrevanja određenih matricom i međuslojem vlakna/matrica i uopšte o termomehaničkim osobinama kompozita ugljenična vlakna-epoksidna smola. U mnogim slučajevima poznati su efekti, ali neizvesni su dominantni mehanizmi uočenih promena.

Ranije se smatralo da su promene osobina usled delovanja jonizujućeg zračenja uglavnom povezivane sa hemijskim reakcijama, kao što su kidanje polimernih lanaca ili njihovo povezivanje [5,6]. Međutim, situacija u vezi sa efektima ozračivanja je mnogo složenija, usled velike osetljivosti matrice na okolnu sredinu (kiseonik) i sastav sistema smole (antioksidanti, aditivi, plastifikatori, agensi procesiranja itd) [5]. Upravo su Milkovich i Herakovich [6] ukazali da je opaženo radijaciono degradiranje elastičnih karakteristika i čvrstoća usled degradiranja matrice, složeno više na povišenim nego na nižim temperaturama.

Očigledno je sa R-krivih (Slika 5.3) da je raspon između vrednosti na iniciranju prsline $G_{IC INIT}$ i na kraju prostiranja prsline G_{ICKRAJ} za epruvete ozračene većim dozama dovoljno velik. Prema Pereiri i de Moraisu [3] to znači da R-krive ozračene dozama većim od 13,6 MGy su pod uticajem izraženog premošćivanja vlakana. Uostalom ovaj fenomen je vidljiv pri posmatranju prelomljenih površina. Istovremeno utvrđeno da je G_{ICMEAN} vrednost povećana usled delovanja premošćivanja vlakana. Poredeći T_g-$G_{IC,MEAN}$ (Slika 5.1) i T_g -$G_{IC, INIT}$ odnose (Slika 5.3) vidi se da je $G_{IC,INIT}$ vrednost niža od $G_{IC,MEAN}$ za doze ozračivanja 16,7 i 20 MGy (Slike 5.1 i 5.3). Doprinos efekta premošćivanja vlakana je odgovoran za navedene vrednosti. Iz istog razloga vrednost $G_{IC,INIT}$ je još niža od odgovarajuće vrednosti za neozračene epruvete, a $G_{IC,INIT}$ za dozu od 11,6 MGy je veća od napred citiranih vrednosti.

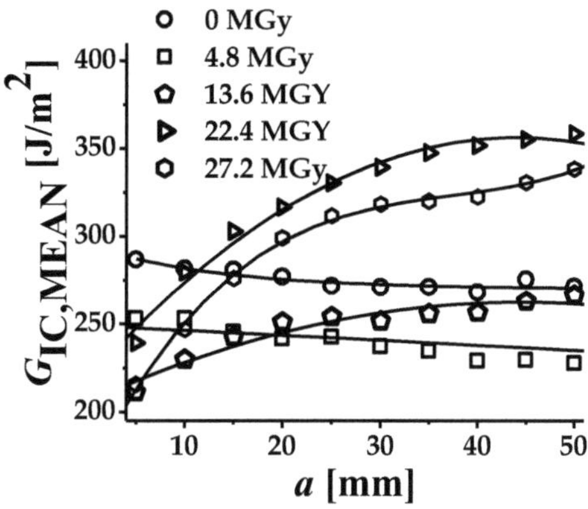

Slika 5.3 R-krive $G_{IC,MEAN}$ – dužina prostiranja prsline a

Kao što je očekivano posle odgrevanja sve $G_{IC,INIT}$ vrednosti su niže od $G_{IC,MEAN}$ vrednosti. Posle odgrevanja na 180°C $G_{IC,INIT}$ vrednosti za doze ozračivanja jednake i veće od 13,6 MGy su znatno niže nego pre odgrevanja. Efekat odgrevanja na 250°C je redukovan, ali još uvek očigledan (Slika 5.3). Pošto znak promene $G_{IC,INIT}$ i T_g pri odgrevanju postaje različit pri odgrevanju na 250°C.

Dakle, promena $G_{IC,INIT}$ u toku odgrevanja nema isti znak kao promena T_g, promene pri odgrevanju na ovoj temperaturi ne mogu biti povezane sa kidanjem ili povezivanjem polimernih lanaca. Iz navedenih razloga nije usvojeno mišljenje da je $G_{IC,INIT}$ veličina jedina i prava interlaminarna karakteristika.

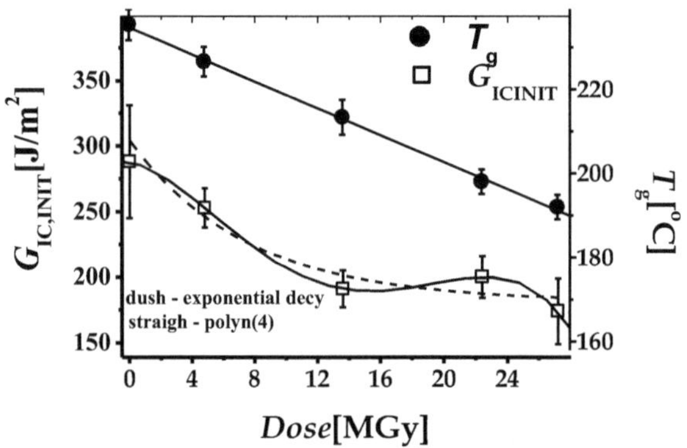

Slika 5.4 Rezultati $G_{IC,init}$ i temperature staklastog prelaza smole T_g kao funkcije doze ozračivanja

5.7 EFEKTI ODGREVANJA

Vrednosti u toku termičkih tretiranja su analizirane praćenjem promena znaka T_g i $G_{IC,\,INIT}$ vrednosti matrice, kao što je učinjeno i pri analizi promene vrednosti $G_{IC,INIT}$ sa povećanjem doze ozračivanja. Za intervale doze ozračivanja, gde nisu odgrevanjem indukovane istovetne promene znaka $G_{IC,INIT}$ i T_g (suprotnog su znaka), registrovane promene se ne mogu pripisati mehanizmu povezivanja lanaca. To znači da razlog za ove promene treba tražiti u nekom drugom mehanizmu.

Za vreme odgrevanja na 180°C, $G_{IC,INIT}$ vrednosti epruveta, pokazale su opadanje (Slika 5.4), dok su u toku odgrevanja na 250°C $G_{IC,INIT}$ vrednosti porasle (Slika 5.5a). Kako je u toku odgrevanja na obe temperature došlo do opadanja T_g vrednosti (Slika 5.5b), to znači da pri odgrevanju na 180°C imamo istovetan, a u toku odgrevanja na 250°C suprotan znak promena G_{ICINIT} i T_g vrednosti (Slika 5.5a).

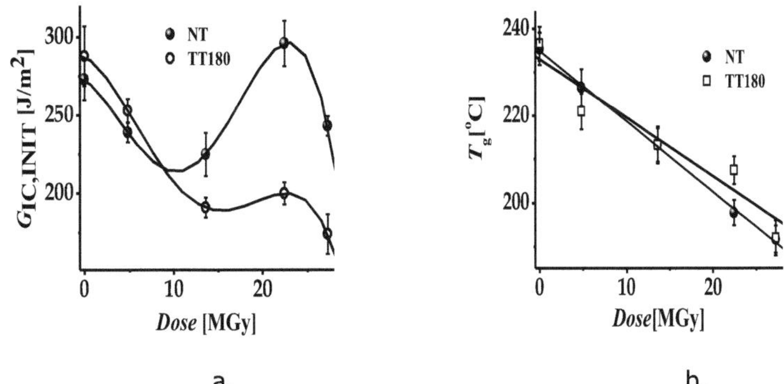

a.   b.

Slika 5.5 $G_{IC,INIT}$ (a) i T_g (b) vrednosti pre i posle odgrevanja na 180°C

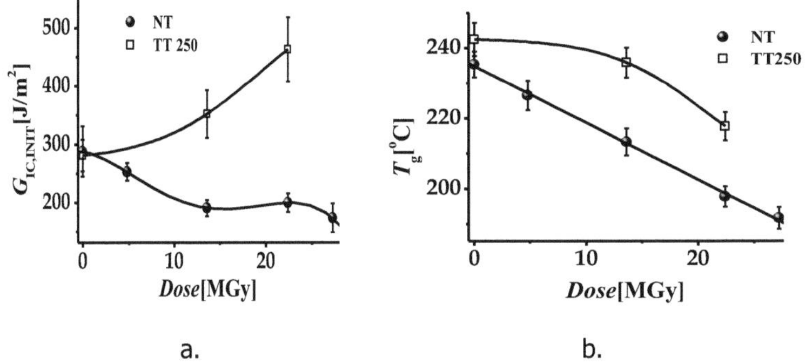

a.   b.

Slike 5.6 $G_{IC,INIT}$ (a.). i T_g (b.) vrednosti pre i posle odgrevanja na 250°C

Odgrevanja na obe temperature (180°C and 250°C) izvršena posle ozračivanja dozom većom od 4.8 MGy, prouzrokovalo je promene G_{IC} vrednosti. Posle odgrevanja 2h u vakuumu, na 180°C (TT 180°C) (Slika. 5a), G_{ICMEAN} vrednosti neozračenih (NT) uzoraka ozračenih dozom 4.8 MGy su iste kao i pre odgrevanja (Slika. 5.5a). Epruvete ozračene većom dozom imaju manje vrednonosti G_{ICMEAN} posle odgrevanja na 180°C nego pre odgrevanja, ali svejedno ne mogu biti povezane direktno sa kidanjem ili poperečnim povezivanjem polimernih lanaca: Veća je verovatnoća da indukovano opadanje obe G_{IC} vrednosti, izaziva opadanje kapaciteta prenosa opterećenja kroz međusloj vlakno/matrica. Opadanje G_{IC} vrednosti može biti povezano sa evakuacijom gasovitih produkata interakcije zračenja matrica pod vakuumom. Odgrevanje na 250 °C (Slika 5.6b) dovodi, do čistog povećanja G_{ICINIT} vrednosti, uz opadanje T_g vrednosti, koje takođe nije moguće povezati sa kidanjam ili sa povezivanjem polimernih lanaca.

Dobijeni rezultati G_{IC}, posle odgrevanja na 180°C u vakuumu, obe G_{ICMEAN} i G_{ICINIT} (Slika 5.5), su u punom slaganju sa nalazima Eguse i saradnika [9]. Oni su našli da za organske kompozitne materijale (uključujući karbon /epoksid kompozite), ozračene gama zračenjem do doza od 20.0 MGy uz uslove odgrevanja identičnim našim za degradaciju osobina polimera važi sledeće objašnjenje. Oni sugeriraju da je mehanizam degradacije aktivirane odgrevanjem ozračenih kompozita rearanžiranje polimernih lanaca koji bivaju otrgnuti i postaju izgubljeni, smanjujući na taj način broj polimernih lanaca za prenos opterećenja u međupovršini vlakno/matrica. Odgrevanje ozračenih kompozita se tretira kao način aktiviranja latentnog radijaciong oštećenja u blizini međupovršine vlakno/matrica uslovljavajući smanjenje kapaciteta za prenos opterećenja kroz međusloj vlakno/matrica.

5.8 ZAKLJUČAK

Proučavani su efekti ozračivanja dozom u intervalu interval od 4.8 do 27.2 MGy, na srednju i inicijalnu vrednost brzine oslobađanja energije deformacije (G_{IC}) u karbon/epoksid UDK, visoke vrednosti temperature staklastog prelaza matrice. Takođe, proučavana je promena vrednosti G_{IC} posle odgrevanja ozračenih epruveta na temperaturama 180 i 250°C u vakuumu. R krive ozračenih visokim dozama ukazuju da u toku prostiranja pukotina, premošćivanje vlakana igra značajnu ulogu, povećavajući G_{ICMEAN}, dokazujući da se to mora uzeti u obzir pri procenjivanju dominantnih mehanizama odgovornih za promene pri ozračivanju i odgrevanju.

Praćeno je G_{ICTNIT} opadanje sa porastom doze sa promenom T_g na najnižoj dozi (4.8 MGy) i maksimalnoj dozi (27.2 MGy). Merena T_g vrednost ne prati trend promene G_{ICINIT} u intervalu doza od 13.6 do 22.4 MGy.

5.9 REFERENCE I LITERATURA ZA DALJE PROUČAVANJE

1. Schon, J., T. Nyman, A. Blom and H.A. Ansell, (2000) "Numerical and experimental investigation of delamination behavior in the DCB specimen" Compos. Sci. Technol., 60: 173-184.
2. A.B.de Morais, M.F.de Moura , A.T. Marques. P.T.de Castro, (2002) "Mode-I interlaminar fracture of carbon/epoxy cross-ply composites" Compos.Sci.Technol. 62 (5): 679-686
3. A. B. Pereira & A. B. de Morais, A.B. (2004) "Mode I Interlaminar Fracture of CE MD Laminate", Compos.Sci.Technol. 64 (13-14): 2261-2270
4. A.J. Brunner, B.R. K. Blackman, J .G. William, (2006) "Calculating a Damage Parameter and Bridging Stress from GIC Delamination Tests on Fibre Composites", Compos.Sci.Technol. 66 (6): 785-795
5. J. Davenas, L. Stevenson, N. Celette, S. Cambon, J . L. Gardette, A . Rivaton, L. Vignoud (2002) Nucl. Instrum. Meth. Phys. Chem. Sect. B 191 (4):)653 -661.
6. S. M. Milkovich, C.T. Herakovich, G. F. Sykes (1986) "Space Radiation Effects on the Thermo-Mechanical Behaviour of Graphite-Epoxy Composites", Jour. Compos. Mater. 20 (6): 579

7. L. Vignoud ,. L. David , B. Sixou , G . Vigier (2010) "Influence of electron irradiation on the mobility and on the mechanical properties of DGEBA/TETA epoxy resins", Polymer 42: 4657-4665.

8. S. Wu(1988) "The angular dependence of physical sputtering of graphite by light ions in the low-energy regime", J. Nucl. Mater. 160 (2-3): 103-106

9. S. Egusa. M.A. Kirk, R.C. Birther, M. Hagiara (1985) "Annealing effects on the mechanical properties of organic composite materials irradiated with γ-rays", J. Nucl. Mater. 127 (2 - 3) 146-152.

10. K. Humer, H. W. Weber, E.K. Tschegg, H. Gerstenberg, B. N.g Goshitskii (1995), "Tensile and fracutre behaviour in mode I and mode II of fibre reinforced plastics at77 K following low temperature irradiation", Cryogenics 35:743 – 745

11. M.V. Gordić, I.M. Đorđević, D.R. Sekulić, Z.S. Petrović, M.M. Stevanović (2007)   "Delamination Strain Energy Release Rate in CFER Composites", Mater.Sci. Forum 555 515-520.

12. J.M.L. Reis, A.J.M. Ferreira (2006) "Freeze–thaw and thermal degradation influence on the fracture properties of carbon and glass fiber reinforced polymer concre" Constr. Build. Mater. 120 (10): 888-892.

13. J.M. Pintado, J. Miguel, (1998) "Effects of γ-radiation on mechanical behaviour of carbon/epoxy composite materials", Cryogenics 38(1): 85-89.

14. G. Yu, D.Z. Yang, J.D. Xiao, S.Y. He, Z.J and L. Zhi-Jun (2206) "Effect of Proton Irradiation on Mechanical Properties of Carbon/Epoxy Composites" J. Space. Rocket 43 (3): 505-508

15. D.R. Sekulic, M.V. Gordic, I.M. Djordjevic, Z.S. Petrovic, M.M. Stevanovic (2009)"Irradiation and annealing effects on delamination toughness in carbon/epoxy composite", J. Nucl.Mater, 383: 209-214

6. NANOINDENTACIJA KAO METODA ZA PROUČAVANJE EFEKATA OZRAČIVANJA U KOMPOZITIMA SA POLIMERNIM MATRICAMA

6.1 REZIME

Unidirekcioni kompoziti karbonska vlakna/epoksidna smola ozračivani su dozama gama zračenja od 4.8 do 27.2 MGy. Pre i posle ozračivanja i termičkih tretiranja na 180 i 250°C, epruvete ovih kompozita su testirane metodama nanoindentacije i testovima određivanja žilavosti delaminacije ($G_{IC,INIT}$). U testovima nanoindentacije određivane su tvrdoća i modul obe faze ispitivanih kompozita. Prvi cilj je bio da se ustanove (i objasne) efekti ozračivanja i odgrevanja na tvrdoću i Youngov modul faza prisutnih u ispitivanim kompozitima. Opaženo je opadanje vrednosti obe veličine u obe faze sa porastom doze ozračivanja. Ispostavilo se da su proučavanja omogućila da se iskoristi pogodnost rezultata dobijenih nanoindetacijom pri proučavanju efekata ozračivanja i odgrevanja na parametre mehanike loma ispitivanih kompozita, ali i da se dobiju uverljive informacije o mehanizmima koji indukuju promene osobina usled ozračivanja i termičkih tretiranja. $G_{IC,INIT}$, vrednost usvojena je ranije kao glavni parametar mehanike delaminacije (loma) koji karakteriše interlaminarni otpor prema delaminaciji. Kao mera plastičnosti matrice korišćen je, na osnovu Milmanovog pristupa, odnos Yungovog modula i tvrdoće matrice. Uz poređenje vrednosti ovog odnosa, tvrdoće matrice i vrednosti $G_{IC,INIT}$ izveden je zaključak da su mehanizmi kidanja polimerne mreže, ali i mehanizam promene plastičnosti matrice, dominantni mehanizmi pri promeni $G_{IC,INIT}$ usled ozračivanja i termičkih tretiranja proučavanih kompozita.

6.2 UVOD

Primetan porast interesa za proučavanje efekata ozračivanja na materijale i njihov značaj su posledica ekspanzije industrijske primene i sve većeg broja materijala korišćenih u polju radijacije. Radijaciono ponašanje različitih metala, keramike, karbona, stakala, polimera i kompozita su predmet istraživanja još od vremena kada su niz metala, keramičkih i karbonskih materijala bili prvi reaktorski materijali, a zatim kada su kompozitni materijali ojačani karbonskim vlaknima postali novi materijali avionskih konstrukcija. Predmet proučavanja, u novije vreme, je radijaciono oštećenje materijala za fuzione reaktore, kao i materijala za imobilizaciju radioaktivnog otpada. U pripremi za geološka odlagališta aktinidi separisani iz korišćenog nuklearnog goriva se radije imobiliziraju u keramici baziranoj na mineralima nego u odgovarajućim staklima (Farnan, et al., 2007) zbog njihove superiornije izdržljivosti u vodi i manjeg neočekivanog kritičnog rizika. Procena dugotrajne strukturne trajnosti vrši se na osnovu atomističkih razmatranja keramike koja sadrži aktinide i razumevanja utvrđenih fundamentalnih fenomena radijacionog oštećenja ovih materijala, odnosno efekata ozračivanja i post irradijacionog termičkog tretiranja. Predmet proučavanja radijacionog oštećenja materijala su osobine materijala bitne za uslove primene. Značajne su osobine i fenomeni za objašnjenje opaženih efekata kao i oni od značaja za utvrđivanje dominantnih mehanizama promena osobina materijala pri ozračivanju i pri termičkom tretiranju ozračenih materijala. U savremenim proučavanjima radijacionog oštećenja materijala koriste sve novije i sofisticiranije metode.

Predmet ovog rada je radijaciono oštećenje kompozita polimerna matrica/unidirekciona vlakna (PMC) indukovano jonizujućim zračenjem, posebno efekti ozračivanja i naknadnog termičkog tretiranja na parametre mehanike loma, kao i na osobine merene tehnikom nanoindentacije. Obe metode testiranja su relativno nove: nanoindentacija se koristi od početka devedesetih godina prošlog veka, a ISO standard za određivanja žilavosti loma kompozita je usvojen 1999. godine. U ovom radu je učinjen pokušaj da se istaknu prioriteti i važna uloga primene nanoindentacije u proučavanju radijacionog oštećenja ispitivanih kompozita.

Efekti jonizujućeg zračenja na osobine kompozita sa polimernim matricama predstavljaju predmet široko rasprostranjenog značaja (Gordic i sarad., 2007; Sekulic i sarad., 2009). U literaturi ima dovoljno podataka o efektima zračenja na mehaničke i termomehaničke osobine (određene matricom ili međupovršinom vlakno/matrica) karbonskim vlaknima (Sekulić i sarad., 2009; Sekulic & Stevanovic, 2011), ali postoje nedoumice u pogledu dominantnih mehanizama utvrđenih fenomena, pri proučavanju efekata ozračivanja kao i efekata posle radijacionih odgrevanja. Mnogi autori su pratili promene temperature ostakljivanja matrice T_g, povezujući je sa hemijskim reakcijama kidanja i/ili poprečnog povezivanja lanaca polimerne mreže, kao glavnim mehanizmima radijacionog oštećenja polimera (Sekulic i sarad., 2009). Međutim, ustanovljeno je da je realna situacija sa radijacionim efektima u PMC mnogo kompleksnija, usled velike osetljivosti elastomernih matrica na okolnu sredinu (kiseonik) ili zbog bitnog uticaja sastava termoreaktivnih sistema smole (antioksidansi, aditivi, plastifikatori, agensi procesiranja itd) na radijaciono ponašanje (Davenas i sarad. 2002).

Efekti ozračivanja i postradijacionih odgrevanja mogu biti posledica konkurentnih mehanizama: kidanja ili poprečnog povezivanja lanaca, stvaranja i evakuacije gasnih produkata (za vreme odgrevanja), promena plastičnosti matrice ili sposobnosti međupovršine vlakno/matrica da prenosi opterećenje. Lee i saradnici (2003) su proučavali mehanizme kidanja i poprečnog povezivanja lanaca kod polimetilmetakrilata podvrgnutih različitim izvorima zračenja, kao što su izvori niskog linearnog transfera energije (engl. linear energy transfer-LET) (snopovi elektrona energije reda veličine MeV, gama-zraci iz izvora ^{60}Co) i joni visokog LET (He+, Ar+ reda veličine MeV). Njihovi rezultati su pokazali da ozračivanja visokih LET dovode do velike koncentracije slobodnih radikala iznad nekoliko susednih molekulskih lanaca, što dovodi do preklapanja traka. Ovo ima za posledicu dominiranje poprečnog povezivanja u odnosu na kidanje lanaca, dok ozračivanje zračenjem niskog LET-a utiče samo na pojedinačne molekulske vrste, što dovodi do kidanja lanaca. Autori rada (Lee et al., 1996) navode da oba mehanizma poprečno povezivanje i kidanje lanaca se dešavaju simultano pri ozračivanju polimera, ali da relativan iznos poprečnog povezivanja (geliranje), prema kidanju polimernih lanaca (degradiranje), zavisi od polimerne strukture. Polimeri koji imaju kvaternarne atome karbona sa velikim visećim (engl. pendent) grupama su razgrađujućeg tipa, a polimeri koji imaju jedan atom vodonika vezan za dva atoma ugljenika iz susednih lanaca se smatraju tipom pogodnim za poprečno povezivanje. Polimerima koji sadrže kvaternarne atome ugljenika pripisuje se velika prostorna tendencija degradiranja usled prisustva „visećih" grupa koje smanjuju pokretljivost polimernih lanaca i time ometaju njihovo poprečno povezivanje. Podaci niza autora (Bisby et al. 1977; Yates & Shisonaki, 1993; Schnabel et al., 1984; Kudoh et al., 1997; Lee et al., 2003), međutim, pokazuju da kidanje i poprečno povezivanje ne zavise samo od strukture polimera, nego primarno od energije deponovane po jedinici dužine traka, odnosno od energije linearno prenete (LET) polimerima pri ozračivanju.

U ovom radu proučavani su: tvrdoća i Jungov modul polimerne matrice i karbonskih vlakana kao i kritična brzina oslobađanja energije kao mera žilavosti delaminacije (loma) u unidirekcionim kompozitima karbonska vlakna/eposidna smola, ozračenim gama-zracima, u opsegu doza 4.8 do 27.2 MGy. Metodom nanoindentacije određivani su tvrdoća (H) i Jungov modul (E) vlakana i matrice (Sekulic & Stevanovic, 2011), dok su delaminacije, duž vlakana određivan u testovima zatezanja epruveta dvostruke grede načinom I (Sekulic et al., 2009). Iste osobine ozračenih epruveta određivane su pre i posle termičkih tretiranja na 180 i na 250°C, u vakuumu. Na taj način su utvrđeni efekti ozračivanja do različitih doza kao i efekti termičkih tretiranja na tvrdoću i Jungov modul matrice i karbonskih vlakana u ispitivanim kompozitima karbon/epoksid. Promene citiranih osobina usled ozračivanja i termičkih tretiranja su poređene sa rezultatima promena žilavosti delaminacije pod istim uslovima, imajući u vidu prateće promene vrednosti temperature ostakljivanja matrice T_g. Na osnovu vrednosti tvrdoće i Jungovog modula matrice, pre i posle ozračivanja i termičkih tretiranja, izračunavan je odnos Hm/Em. Na osnovu pristupa Milmana (Mil'man et al., 1999; Mil'man, 2008) brojno je određivana promena plastičnosti matrice, u toku ozračivanja i termičkih tretiranja. Time je napravljen uspešan pokušaj procene doprinosa mehanizma promene plastičnosti matrice, na promene osobina matrice pri ozračivanju i naknadnim termičkim tretiranjima.

U radu je dat kratak pregled osnova testiranja nanoindentacijom, uz prikazivanje dobijenih rezultata za obe faze prisutne u ispitivanom kompozitu. Cilj prezentacije je bio utvrđivanje efekata ozračivanja i odgrevanja u obe faze. To je posebno značajno u slučaju karbon-karbon kompozita. U našem slučaju, pored utvrđivanja efekata ozračivanja i odgrevanja cilj je bio dobiti informacije o mehanizmima odgovornim za indukovanje promena ispitivanih osobina. Mada se ovo proučavanje odnosi na promene osobina kompozita ojačanih vlaknima kao celine, smatrali smo da je potrebno poznavati osobine i njihove promene individualnih faza kompozita, matrice i vlakana. To je postignuto testiranjem nanoindentacijom.

Predstavljene su osnove Milmanovg teorijskog pristupa za ocenu plastičnosti matrice, koristeći vrednosti tvdoće i Jungovog modula matrice (H_m i E_m), da bi se utvdio doprinos mehanizma promene platičnosti matrice na promenu osobina PMC usled ozračivanja i odgrevanja. Ovo je dobar primer koji pokazuje, kako interakcija između različitih pristupa predstalja koristan izvor podataka, koji poboljšavaju naše razumevanje proučavanih fenomena.

6.3 EKSPERIMENTALNI DEO

Toplim presovanjem na 175°C, u toku 2h, pod pritiskom od 700 kPa prepega unidirekciona visoko čvrsta karbonska vlakna Twaron HTS/epoksidna smola, dobijene su laminatne ploče. Prepreg firme HEXCEL, komercijalno je dostupan pod trgovačkim imenom HexPly 6376-NCHR. Epoksi smola u prepregu je bazirana na tetraglicidil-p-aminophenolnom derivatu metilen dianilina. Iz ploča dobijenih toplim presovanjem su isecane epruvete za testiranje.

6.4 OZRAČIVANJE. TERMIČKA TRETIRANJA

Ozračivanja gama zracima iz izvora ^{60}Co, pri fluksu od 12 kGy/h, izvođeno je na sobnoj temperaturi, na vazduhu, do doza od 4,8 do 27,2 MGy. Deo neozračenih i ozračenih epruveta odgrevan je u toku 2 sata, pod vakuumom, na temperaturama od 180°C i 250°C.

6.5 ISPTIVANJE NANOINDENTACIJOM

U Institutu Max Planck, u Štutgartu, određivane su vrednosti tvrdoće i Jungovog modula komponenata unidirekcionih kompozita karbonska vlakna/epoksidna smola, odnosno matrice i vlakana, tehnikom nanoindentacije. Testovi su izvođeni nanoindenterom firme Digital Instruments, koji se sastojao od: uređaja za indentaciju sa oštrim vrhom intendera tipa Berkovich; Hysitron Triboscopa za registrovanje sile i dubine prodiranja indentora i komercijalnog mikroskopa Nano scope III. Koristeći senzore velike rezolucije, za kontinualno registrovanje i merenje opterećenja (P) i pomeranje indentora (h), instrument za nanoindentaciju vrši merenja osobina prisutnih faza sa velikom preciznošću. Nanoindentor ima mogućnost preciznog lociranja mesta indentacije - preciznost lociranja položaja indentera na površini uzorka je bila 0.1 μm. Imajući u vidu da širina matrice između vlakana (prečnika 7 μm) ima dimenzije veće od 6 do 8 μm (Slika 6.1), nano-indentacijom su dobijene vrednosti H i E koje se odnose na matricu i vlakna. Na ove rezultate, koji se odnose na prisutne faze pojedinačno, nije uticalo prisustvo druge faze. Korišćena tehnika nanoindentacije se pokazala kao vrlo korisno oruđe pri proučavanju efekata ozračivanja kompozita sa polimernom matricom ojačanom kontinualnim vlaknima.

U testovima nanoindentacije, dubina penetracije maksimuma 1500 nm je registrovana na površini ispitivanog materijala, čija se površina pomera i savija pod delovanjem vrha indentora, a merene osobine indentacijom opisuju deformaciju površine ispod indentora. Ova konfiguracija dozvoljava precizno određivanje tvrdoće i krutosti matrice i karbonskih vlakana. Velike rezolucije opterećenja i dubine penetracije konvertora osiguravale su tačna merenja. Opseg opterećenja u testu bio je od 0,01 μN do 12 mN (sa rezolucijom od 0.1 μN na 100 μN), a opseg dubine penetracije od 0 to 1μm (sa rezolucijom od 0.02 nm) (Slika 6.2). Test nanoindentacije izvođen je metodom Oliver-Pharr-a (Oliver & Pharr, 1992) koristeći Berkovichev dijamantski indentor sa vrhom, oblika triedarske piramide i nominalnog prečnika od 50 nm. Vrh indentora postavljan je pod pravim uglom u odnosu na pravac vlakana, na uzorak oblika pločice (dimenzija 2x7x10 mm), paralelnih i glatkih površina. Vrh indentora utiskivan je i izvlačen iz ispitivanog materijala

Slika 6.1 SEM mikrofraktografije loma pri smicanju UDK, iz ekscentričnih, pod uglom od 45°, testova zatezanja – matrica između vlakana sa karakterističnim „S" figurama i otisci vlakana [11]

u toku testa. Tvrdoća i Jungov modul izvođeni sa registrovanih krivih kontaktno opterećenje-dubina otiska, prema proceduri OP. Krive opterećenje-dubina utiskivanja (P-h), dobijene iz testa nano indentacije davale su podatke o maksimalnom opterećenju (P_{max}), maksimalnoj dubini indentacije (h_{max}), finalnoj dubini indentacije (h_f) i elastičnoj krutosti rasterećenja (Slika 6.2). Kontaktna elastična krutost je definisana nagibom gornjeg dela krive rasterećenja, u toku inicijalne faze rasterećenja ($S=dP/dh$). Tvrdoća materijala podrvrgnutog indentaciji data je kao opterećenje indentacije podeljeno projektovanom kontaktnom površinom (površinom kontakta pri primenjenom opterećenju). Jungov modul uzorka je određen iz kontaktne elastične krutosti S i kontaktne površine. Kontaktna krutost je definisana kao nagib gornjeg dela krive rasterećenja pri inicijalnoj fazi rasterećenja. Obe merene vrednosti su izražene u GPa, kao srednja vrednost od n=16 merenja, standardne devijacije σ i standardne greške $S_{ERR}=\sigma/\sqrt{n}$ (Tidestrom, et al., 1959). Na dijagramima osobina dobijenih nanoindentacijom prikazane su standardne greške. Detaljnije o testiranju vidi referencu (Burghard, et al., 2007).

6.6 TESTOVI ODREĐIVANJA ŽILAVOSTI DELAMINACIJE

Delaminacija je jedan od najčešćih oblika loma u laminatima ojačanim dugim vlaknima. Suštinsko, razumevanje interlaminarnog otpora delaminaciji laminata je vrlo korisno pri projektovanju konstrukcija i razvoju materijala. U plastici ojačanoj kontinualnim unidirekcionim vlaknima vrednost kritične brzine oslobađanja energije deformacije pri delaminaciji GIC koristi se kao mera žilavosti loma. Rezultati GIC se ipak najviše koriste za komparativne namene. Za određivanje GIC vrednosti prema ISO standardu, korišćeni su testovi zatezanja, „načinom-1" epruvete dvostruke grede (engl. Mode-I double cantilever beam - DCB tensile test). Mnogi istraživači su ispitivali žilavost loma delaminacije, dobijenu pri testu zatezanja dvostruke grede načinom 1 (Schön et al., 2000; de Morais et al., 2002; Pereira & de Morais, 2004), iako delaminacija u tom testu nije rezultat čistog loma načinom 1. Po našem najboljem saznanju jedini podaci o uticaju ozračivanja i post-radijacionog termičkog tretiranja na energiju deformacije delaminacije, su dati u radovima autora ovog rada (Sekulic et al., 2009; Sekulic & Stevanovic, 2011).

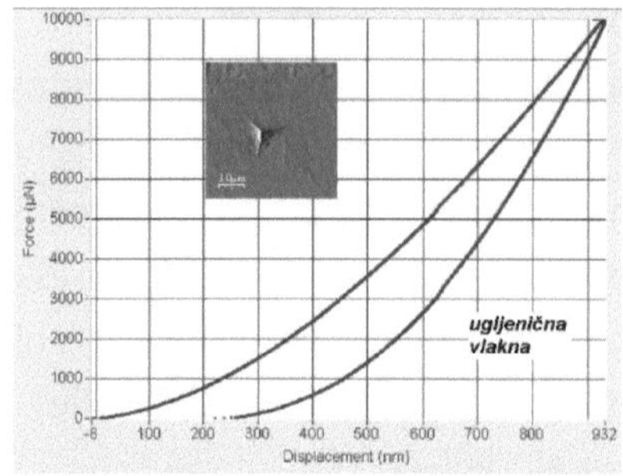

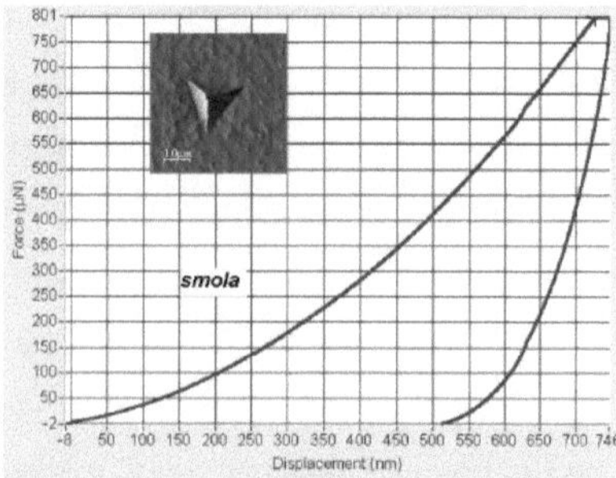

Slika 6.2 Dijagram opterećenje-dubina penetracije u toku testa nano-indentacije

Epruvete dvostruke grede (DCB) (Slika 6.3), dimenzija 3.6×25×125 mm, isecani su iz ploča UDK kompozita, u čiju je središnju ravan sa jedne strane bio umetnut 13 μm debeo film PTFE (politetrafluor etilen), koji je u epruveti dvostruke grede korišćen kao inicijator naprsline (engl. starter crack). Klavirske šarke zalepljene na površine iznad kraja epruvete u kojoj se nalazio PTFE film korišćene su ze prenos opterećenja na epruvetu. Obe bočne strane epruvete bile su obojene belom bojom na kojoj su bile iscrtane linije-markeri za praćenje položaja vrha prsline. Test zatezanja DCB epruveta izvođen je na Univerzalnom uređaju za mehanička ispitivanja INSTRON M 1185 (u Institutu Vinča, Beograd) pri brzini mosta od 1 mm/min, na sobnoj temperaturi i atmosferskom pritisku.

Signali sila – pomeranje otvaranja su registrovani na dijagramu uređaja. Dužina delaminacije je merena vizuelno preko markera 5x10 mm sa bočnih ivica epruvete. Tačka početka pomeranja delaminacije sa filma inicijatora delaminacije obeležena je posle prestanka pred-opterećenja na krivoj sila – pomeranje otvaranja sa obe bočne ivice. Opterećenje prednaprsline (engl. pre-crack loading) bilo je zaustavljano pri porastu delaminacije (engl. delamination length increment) od 5 mm. Procesuiranje podataka vršeno je prema Metodi B standardnog dokumenta ISO 15024. Kritična brzina oslobađanja energije deformacije delaminacije G_{IC}, je izračunavana koristeći jednačinu u kojoj P predstavlja opterećenje, δ je pomeranje otvaranja.

Popuštanje C je definisano odnosom δ/P, a m predstavlja nagib zavisnosti $(Aw)^{1/3}$- a/2h odnosa. Vrednosti G_{IC} ozračenih, neozračenih i termički tretiranih uzoraka, prikazane su kao srednje vrednosti ($G_{IC,MEAN}$) pojedinačnih G_{IC}, i vrednosti iz deset tačaka prostiranja prslinee, od G_{ICINIT} do $G_{IC,END}$. Standardna devijacija $G_{IC,\,SRED}$ je mera raspona vrednosti na početku (G_{ICINIC}) i na kraju prostiranja pukotine ($G_{IC,END}$) što se vidi sa R-krivih (Slika 5.5 i 5.6). G_{IC} vrednost za svaku od 10 tačaka prostiranja prsline predstavlja srednju vrednost određivanja na pet epruveta.

6.7 TEMPERATURA STAKLASTOG PRELAZA

Vrednosti temperature staklastog prelaza određivane su diferencijal-

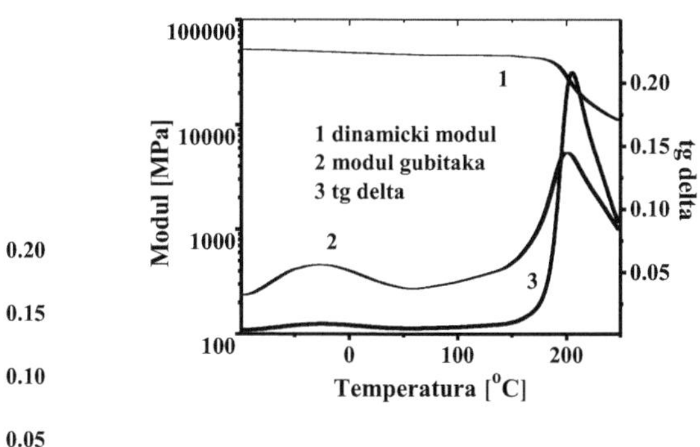

Slika 6.3 Karakteristični DMA dijagram

nom termijskom analizom (DTA), koirsteći više frekventni dinamički mehanički analizator tipa 2980 firme TA Instruments (New Castle, DE), pri frekfenci od 10 Hz (Sekulic et al., 2009). Testovi su izvođeni u temperaturnoj oblasti od -100°C do 250°C registrujući dinamički modul (1), modul gubitaka (2) i tangens delta krive (3) (Slika 6.3). Temperatura staklastog prelaza (T_g) je izvođena iz položaja alfa-pika (pika najviše temperature) sa krive modula gubitaka.

6.8 DISKUSIJA

Rezultati merenja nanoindentacijom promena izazvanih ozračivanjem i odgrevanjem predstavljeni su na dijagramima kao srednje vrednosti sa odgovarajućom šipkom greške (eng. error bar) jednakom standardnoj greški $S_{ERR}= \sigma / 4$ (Tidestrom, et al. 1959).

6.9 EFEKTI OZRAČIVANJA NANOINDENTACJOM

Jungov modul vlakana dobijen nanoindentacijom je Jungov modul u pravcu poprečnom na dužinu vlakna, - transverzalni (radijalni) modul karbonskih vlakana E_2. Niska eksperimentalna vrednost (20.4 GPa) (Slika 6.4) u odnosu na vrednost longitudinalnog (aksijalnog) modula (E_1) je očekivana. Za visokočvrsta karbonska vlakna, odnos E_1/E_2 je veći od 10 (Hull & Clyne, 1996) Reynolds i saradnici (1973) odredili su vrednost E_2= 30 GPa , ali oni su koristili dinamičku metodu prostiranja ultrasoničnih talasa kroz materijal, dok su u našem slučaju testovi bili statički. Naša E_2 vrednost je, isto tako, niža od vrednosti za karbonska vlakna (27.0 - 30.5 GPa) dobijene nanoindentacijom karbon-karbon kompozita (Diss et al., 2002, Marx & Riester, 1999). Kompoziti testirani u ovom radu bili su ojačani visokočvrstim karbonskim vlaknima, dok se karbon-karbon kompoziti dobijaju ojačavanjem visokomodulnih karbonskih vlakana. Registrovana vrednost E_2 je opadala sa povećavanjem doze ozračivanja (Slika 6.4), što ukazuje na malo radijaciono oštećenje u međuslojevima između grafenskih ravni ispitivanih karbonskih vlakana. Registrovana promena E_2 vrednosti nije značajna i nema uticaja na vrednosr aksijalnog Jungovog modula.

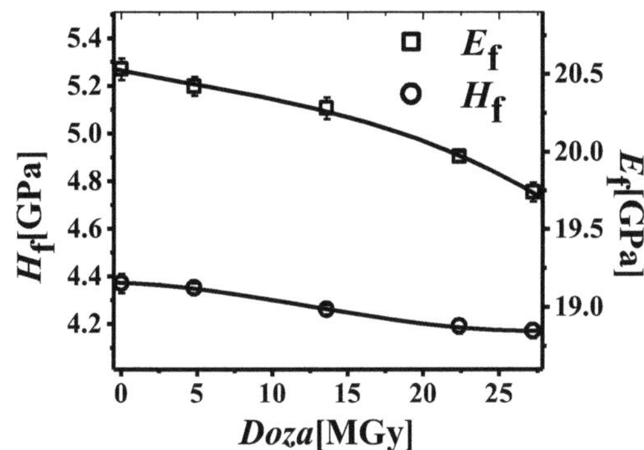

Slika 6.4 Tvrdoća i Jungov modul vlakana kao funkcije doze ozračivanja

Osobine od praktičnog značaja su osobine matrice, jer je ona, kao i međufaza vlakno /matrica (eng.fibre/matrix interphase) primetno promenjena gama zračenjem. Vrednosti H_m i E_m matrice, dobijene nanoindentacijom, opadaju sa porastom doze ozračivanja (Slika 6.5). Ovo opadanje je posebno izraženo posle ozračivanja najvećim dozama, onim od 22.4 i 27.2 MGy. Opadanje osobina matrice je praćeno snižavanjem vrednosti temperature staklastog prelaza, T_g. Određivanje ovih osobina je izvedeno sa velikom preciznošću. Relativno opadanje usled ozračivanja masimalnom dozom je veće za H_m (14.3%) nego za E_m vrednosti (10.1%), te to usled preciznosti merenja, smatramo pouzdanim. Ove promene osobina matrice mogu se pripisati mehanizmu kidanja lanaca, kao dominantnom mehanizmu radijacionog oštećenja, ali i mehanizmu smanjivanja plastičnosti matrice.

Pošto izvedena ozračivanja ispitivanih kompozita karon/epoksid predstavljaju ozračivanja sa niskim linearnim energetskim transferom – niskim LET (Lee et al., 1999), naši rezultati su u punoj saglasnosti sa savremenim, opšteprihvaćenim shvatanjem efekata ozračivanja u polimerima (Lee et al., 1993, 1996, 1997, 1999). Implikacija proučavanja predstavljenih u radu (Lee et al. 1993) je da tvrdoća polimetil-metakrilata (PMMA) značajno raste pri porastu rastućeg Ar^+ fluksa ozračivanja. Pri ozračivanjima sa većem LET vrednostima, odnosno kada je veća preneta energija po jedinici mase materijala, dostiže se veći stepen poprečnog povezivanja lanaca pri ekvivalentnoj dozi. Pokazano je (Lee, 1996). da je povećanje tvrdoće mera stepena poprečnog povezivanja polimernih lanaca. Povećanje tvrdoće usled delovanja mehanizma poprečnog povezivanja polimernih lanaca opaženo je pri ozračivanju polistirena snopom jona velike energije (Lee et al. 1997). Dergradacija tvrdoće PMMA dešava se pri ozračivanju snopovima elektrona ili gama zraka. Isto je otkriveno pri ozračivanju gama zracima epoksidne matrice u našim eksperimentima.

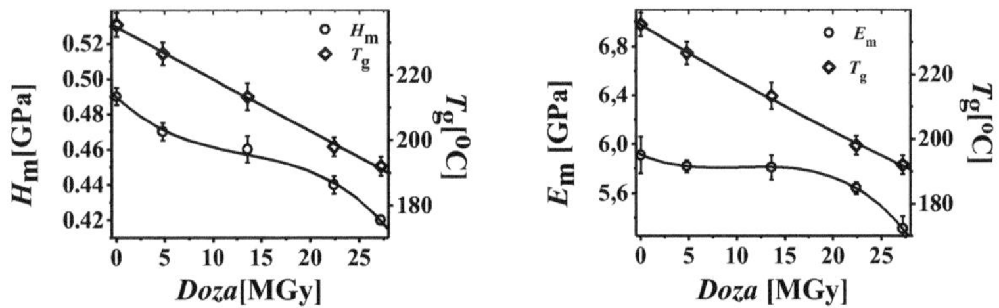

Slika 6.5 Tvrdoća a. i Jungov modul b. matrice i T_g vrednosti kao funkcije doze

U dva rada (Milman et al. 1999; Milman, 2008) definisan je bezdimenzioni parametar δ_H izrazom

$$\delta_H = \varepsilon_p / \varepsilon_t \qquad (6.1)$$

u kojem su ε_p i ε_t srednje vrednosti plastične i ukupne deformacije materijala pri kontaktu indentor-površina uzoraka. Parametar δ_H omogućuje karakterizaciju plastičnosti materijala. Plastičnost matrice se može proračunati preko vrednosti tvrdoće H, Jungovog modula E i Poissonovog odnosa v. U toku instrumentisane nanoindentacije karakteristika plastičnosti je data izrazom

$$\delta_A = A_p / A_t \qquad (6.2)$$

gde su Ap i At srednje vrednosti plastičnog, odnosno ukupnog rada deformacije. Kod materijala kod kojih je δH veće od 0,5, δA je približno jednako δH , pa je, u tom slučaju, teoretska jednačina data izrazom

$$\delta_A \sim \delta_H = 1 - 10.2\,(1 - v - 2v^2)\,(H_N / E) \qquad (6.3)$$

koji važi za eksperimente sa Berkovičevim indenterom (Milman, 2008), koji je korišćen u našim testovima nanoindentacije (subskript N se odnosi na nanoindentaciju). Iz jednačine (6.3) sledi da je plastičnost materijala veća za nižu vrednost odnosa H/E. Odnos H/E je, dakle, mera plastičnosti, pri čemu su ove dve vrednosti recipročne, pod pretpostavkom da je Poissonov odnos konstantan pri ozračivanju i odgrevanju. Imajući ovo u vidu, H_m/E_m odnos neozračenih i ozračenih uzoraka sa Slika 6.6 je proračunat preko rezultata H_m i E_m prikazanih na Slika 6.5. Cilj ovog rada je bio da se proceni plastičnost matrice u testiranim uzorcima u toku ozračivanja, odnosno da se oceni doprinos mehanizma promene plastičnosti matrice na promenu osobina unidirekcionih kompozita u toku ozračivanja. Posle termičkog tretiranja na 180°C, H_m vrednosti uzoraka ozračenih dozom od 22,4 MGy su veće nego pre odgrevanja (Slika 6.7a), pri čemu se temperatura staklastog prelaza T_g ne menja.

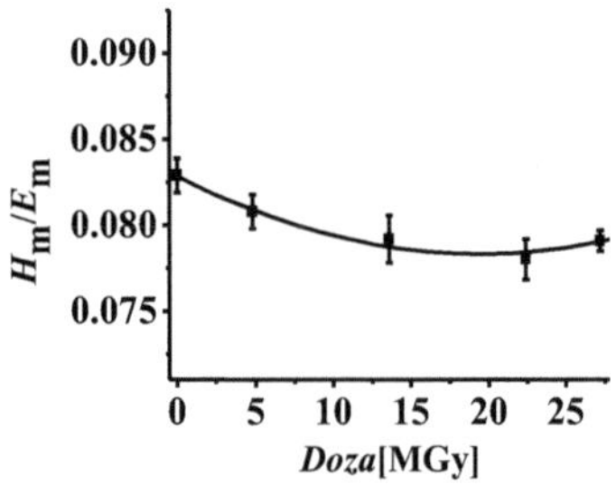

Slika 6.6 Odnos tvrdoća/Jungov modul matrice kao funkcija doze ozračivanja

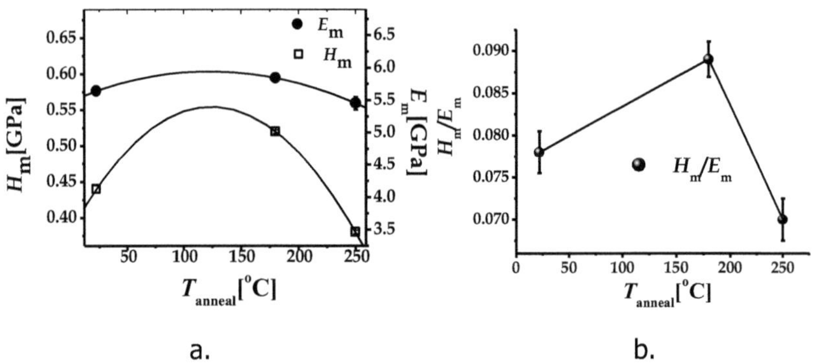

a.

b.

Slika 6.7 Vrednosti odnosa H_m / E_m matrice pre i posle termičkog tretiranja b.

Posle odgrevanja na 250°C, Hm vrednost je niža (Slika 6.7a), vrednosti T_g su veće nego pre tretiranja.Vrednost odnosa Hm/Em posle odgrevanja na 180°C su veće, a posle odgrevanja na 250°C su manje nego pre termičkog tretiranja uzoraka ozračenih dozom od 22,4 MGy vrednosti odnosa Hm/Em (b) posle termičkog tretiranja za uzorke ozračene dozom od 22,4 MGy.

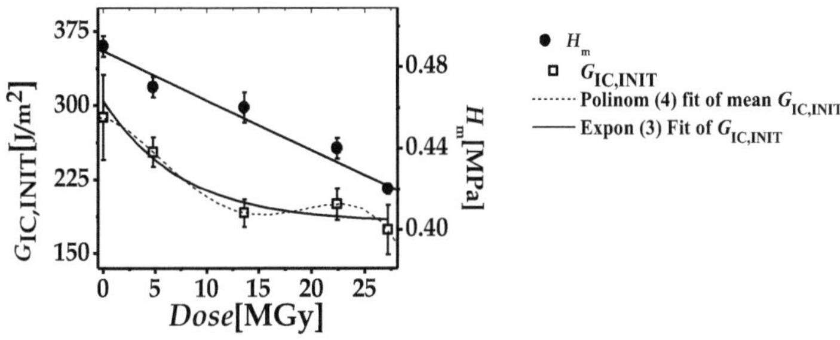

Slika 6.8 $G_{IC,INIT}$ i Hm kao funkcije doze

6.10 ZAKLJUČAK

Vrednosti tvrdoće i Jungovog modula dve faze faze prisutne u kompozitima, kontinualna karbonska vlakna i epoksidna smola, određivane su u testovima nanoindentacije. Prvi cilj proučavanja bio je utvrđivanje i objašnjavanje efekata ozračivanja i odgrevanja na tvrdoću (H) i Jungov modul (E) faza u kompozitu. Ustanovljeno je opadanje vrednosti svih osobina (H_m, E_m, H_f, E_{2f}) sa porastom doze ozračivanja. Opadanje osobina matrice usled ozračivanja, pripisano je mehanizmu kidanja polimernih lanaca, kao što je to opšte prihvaćeno za opadanje mnogih osobina matrice za ozračivanja pri niskom transferu energije, tj. pri ozračivanja niskog LET. Opadanje poprečnog modula vlakana je pripisano neznatnom radijacionom oštećenju u međuslojevima vlakana između grafenskih slojeva karbonskih vlakana.

Zbog velikog raspona između $G_{IC.\,INIT}$ vrednosti na početku i kraju delaminacione prsline kod epruveta ozračenih većim dozama zračenja i vizuelno registrovanih premošćivanja vlakana na površinama delaminacije, prihvaćeno je da je $G_{IC.\,INIT}$ vrednost glavni parametar mehanike loma koji karakteriše interlaminarni otpor delaminaciji u ovim kompozitima. Ovaj parametar je usvojen kao jedina prava interlaminarna karakteristika.

Pri proučavanju i objašanjavanju efekata ozračivanja i termičkog tretiranja na parametre mehanike loma i ostale proučavane osobine matrice korišćene su određene vrednosti H_m i E_m. U skladu sa teorijskim pristupom Mil'mana, koristeći vrednosti odnosa H_m/E_m kao mere plastičnosti matrice, ova je ocenjivana za ispitivane kompozite pre i posle ozračivanja, kao i radijacionog termičkog tretiranja.

Na taj način su utvrđeni prethodni zaključci o mehanizmima koji su određivali efekte ozračivanja i odgrevanja. Mehanizam promene plastičnosti, pored mehanizma kidanja polimernih lanaca je prihvaćen kao mehanizmi koji utiču na vrednosti G_{ICINIT} i na smanjenje tvrdoće matrice usled ozračivanja. U slučaju ozračivanja dozom od 22.4 MGy i odgrevanja na 250°C, rast plastičnosti matrice utvrđen je kao dominantni mehanizam. Opadanje G_{ICINIT} pri odgrevanju na 180°C za epruvete ozračene dozama većim od 13.6 MGy je pripisano mehanizmu smanjenja plastičnosti matrice.

6.11 REFERENCE I LITERATURA ZA DALJE PROUČAVANJE

1. R. H. Bisby et al. (1977) "LET Effects in Radiation-Induced Inactivation of Papain", Faraday Discuss. Chem. Soc. 63: 237-247

2. A. J. Brunner et al. (2006) "Calculating a Damage Parameter and Bridging Stress from GIC Delamination Tests on Fibre Composites", Compos.Sci.Technol. 66 (6): 785-795

3. J. Davenas et al. (2002) „Stability of Polymers under Ionising Radiation", Nucl.Instrum.Meth.Phys.Res. Section B: 191(1-4): 653-661

4. A. B. Moraiset al. (2002) "Mode-I Interlaminar Fracture of CFCE Composites", Compos.Sci.Technol. 62: 679-686

5. P. Diss et al. (2002) "Sharp Indentation Behaviour of C-C Composites", Carbon. 40: 2567-2579

6. S. Egusa. et al. (1985) "Annealing Effects on the Mechanical Properties on Organic Properties of Organic Composite Materials Irradiated with Gamma Rays", J. Nucl.Mater. 127(2-3): 146-152

7. M. V. Gordic et al. (2007) "Delamination Strain Energy Release Rate in CFER Composites", Mat. Sci. Forum. 555: 515-519

8. D. Hull et al. (1996) An Introduction to Composite Materials, Cambridge University Press. Cambridge p.11

9. H. Kudoh et al. (1997) "High Energy Ion Irradiation Effects on Polymer Materials. LET Dependence of G Value of Scission of PMMA", Radiat.Phys.Chem. 50 (3): 299-302

10. E. H. Lee et al. (1993) "Hardness Measurements of Ar-Beam Treated Polyimide by Depth-Sensing ultra Low Load Indentation", J. Mater. Res. 8 (2): 377-387

11. E.H. Lee et al. (1997) "Hardness Enhancement and Cross-Linking Mechanisms in Polystyrene Irradiated with High Energy Ion-Beams", Mater. Sci. Forum. 248/249: 135-146

12. E.H. Lee (1996) "Wet Chemical Modification of Polymice Surfaces: Chemistry and Application", in Polyimide. Fundamental Aspects and Technological Applications, eds. Malay Ghosh, Dekker, New York, pp. 471-503

13. E.H. Lee et al. (1999) "LET Effect on Cross-Linking and Scission Mechanisms of PMMA during Irradiation", Radiat.Phys.Chem. 55 (3): 293-305

14. D.T. Marx & L. Riester (1999) „Mechanical Properties of Carbon/Carbon Composite Components Determined Using Nanondentation", Carbon, 37(11): 1679-1684

15. Y.V. Mil'man (1999) "Indentation of Materials as New Method of Micromechanical Testing", Powd. Metall. Met.Ceram. 38(7-8): 396-402

16. Y.V.Mil'man, Y.V. (2008) "Plasticity Characteristic Obtained by Indentation", J.Phys.D: Appl.Phys. 41(7) 41 074013 (9pp) Oliver, W.C. & Pharr, G.M. (1992) "Measurement of Hardness and Elastic Modulus by Instrumented Nanoindentation", J.Mater.Res. 7 (6): 1564-1583.

17. A. B. Pereira & A. B. de Morais (2004) "Mode I Interlaminar Fracture of CE MD Laminate", Compos.Sci.Technol. 64 (13-14): 2261-2270

18. J.M.L. Reis & A. J. M. Ferreira (2006) "Freeze-Thaw and Thermal Degradation Influence on the Fracture Properties of Carbon and Glass Fibre Reinforced Polymer Concrete" Construct. Build. Mater. 120: 888-892

19. W.N. Reynolds (1973) Structure and Physical Properties of CF, Book series: Chemistry and Physics Carbon.2, Midenhead, Berkshire, p.2-68

20. W. Schnabel et al. (1984) "LET in Radiolysis of Polymers", Macromolecules 17: 2108-2111

21. J. Schön et al. (2000) "Investigation of Delamination Behavior in DCB Specimen", Comp.Sci.Technol. 60 (2): 173-184

22. D. R. Sekulic, et al. (2009), "Effects of Gamma Irradiation and Post Irradiation Annealing on CEUDC Properties", J. Nucl.Mater.383 (3): 209-214

23. D. Sekulic & M. M. Stevanovic (2011) "Effects of gamma irradiation and post-irradiation annealing on CE UDC properties deduced by methods of local loading", J. Nucl.Mater. 412 (1): 190-194,

24. S. H. Tidestrom (1959) Manuel de base de l'ingenieur, Tome I, Dunod, Paris, pp.136-150

25. B.W. Yates & D. M. Shinozaki (1993) "Radiation degradation of PMC in soft X-ray region", J.Polym.Sci. 31: 1779 – 1784

26. M. M. Stevanovic (2013), "Nanoindentation as a Method for the Study of Irradiation Effects in Polymer Matrix Composites", Plastic and Polymer Technology (PAPT) 2(4): (2013) 77-86

27. D.R. Sekulic & M. M. Stevanovic (2011) "Effects of gamma irradiation and post-irradiation annealing on CE UDC properties deduced by methods of local loading", J. Nucl.Mater. 412 (1): 190-194

7. EFEKTI GAMA OZRAČIVANJA I VLAGE NA MEHANIČKE OSOBINE KOMPOZITA KARBONSKA VLAKNA/EPOKSIDNA SMOLA

7.1 REZIME

Proučavano je dejstvo γ-zračenja i apsorbovane vlage na mehaničke osobine kompozita karbonska vlakna/epoksidna smola. Osobine koje određuju matrica i međupovršina vlakno/matrica, interlaminarna smicanja i čvrstoća smicanja u ravni lamininiranja određivane su na sobnoj temperaturi, u standardim testovima, pre i posle ozračivanja gama zračenjem do doze od 11.7 MGy i potapanja 21 dan u vodi zagrejanoj na 80°C, neozračenih i ozračenih ploča kompozita. Mikrofraktogafije površina loma iz objavljenih testova posmatrane su na skenirajućem elektronskim mikroskopu (SEM) i analizirane s obzirom na utvrđene efekte na izmerene vrednosti čvrstoće smicanja i izmerene vrednosti temperature staklastog prelaza pre i posle ozračivanja i imerzije u vodi. Dobijeni rezultati pokazali su da vlaga i ozračivanje imaju značajan degradirajući efekat na merene mehaničke karakteristike kompozita karbon/epoksid.

7.2 UVOD

Rastuća industrijska primena kompozita sa polimernom matricom čini vrlo značajnim proučavanje efekata ozračivanja na ove materijale. Istovremeni uticaj ozračivanja gama zračenjem i apsorbovanja vlage od posebnog je značaja za primenu ovih materijala u vasionskim letelicama (Singh i sarad. 2001).

Rastuća industrijska primena kompozita sa polimernom matricom čini vrlo značajnim proučavanje efekata ozračivanja na ove materijale.

Istovremeni uticaj ozračivanja gama zračenjem i apsorbovanja vlage od posebnog je značaja za primenu ovih materijala u vasionskim letelicama (Singh i sarad. 2001).

7.3 EKSPERIMENTALNI DEO

Ispitivani kompoziti karbonska vlakna/epoksidna smola su dobiijeni toplim presovanjem preprega sa niskotemperaturnom epoksidnom smolom na bazi tetraglicidil metilendianilina, derivata fenolformaldehida novolaka sa epihlorhidrinom. Ojačanje korišćenog preprega su unidirekciona visokočvrsta HTA Tenax vlakna povećene deformacije razaranja, proizvedena u firmi Enca (Nemačka). Hexcelov korišćeni prepreg komercijalno je dostupan pod imenom Hexply m30. Ploče kompozita su dobijene u kalupima zagrejanim na tempreraturu od 120°C, pod pritiskom od 1000 kPa i pod ostalim uslovima isporučioca. Testirani laminati su dobijeni kao dve vrste ploča: jedna, vrsta kompozita UDK $(0)_{T16}$ i druga, kao simetrični uravnoteženi multidirekcioni kompoziti geometrije slaganja $(\pm45_4)_S$, obe sa po 16 slojeva preprega. Iz ploča kompozita pre i posle ozračivanja i posle potapanja u vodi isecane su epruvete odgovarajućeg oblika i dimenzija za testiranje laminata. Uzorci su karakterisani određivanjem: a) gustine, metodom hidrostatičke vage sa vodom kao radnim fluidom i b) sadržaja vlakana metodom rastvaranja matrice u ključajućem rastvoru H_2SO_4 i H_2O_2. Određene vrednosti sadržaja vlakana bile su 54.0 $\pm$ 0.5 [%v] i gustine 1510 $\pm$ 20 [kg/m^3]. Iz ove dve vrednosti, koristeći vrednosti gustine vlakana i matrice proračunati sadržaj pora bio je manji od 1[%v] ploče laminata su ozračivane gama zračenjem iz izvora ^{60}Co pri fluksu ozračivanja od 12 kGy/h, do finalne doze od 11.7 MGy, u Laboratoriji radijacione hemije Instituta u Vinči. Dimenzije ozračenih ploča su bile: 130.0x75.0x2.0 mm za UDK $(0)_{16T}$, a za epruvete $(\pm45_4)_S$

laminata 260.0x150.0x2.0mm. Deo neozračenih i ozračenih ploča kompozita, držan je potopljen u zagrejanoj vodi u toku 21 dan. Brzina difuzionog procesa vode u ploče kompozita za vreme potapanja u vodi održavana je na 80°C. Upijanje vode u pločama laminata je periodično monitorisano. Posle ozračivanja i imerzije, bile su na raspolaganju 4 različite grupe ploča: neozračene suve, ozračene suve, neozračene pa nepotapane u vodi i ozračene pa potom potapane u vodi.

Iz ovih ploča UDK $(0)_{16T}$ isecane su epruvete za test savijanja kratke šipke dimenzija 2.0x10.0x20.0 mm kao i za epruvete MDK $(\pm 45_4)_S$, za test zatezanja dimenzija 2.0x25.0x150.0 mm. U pripremi za test zatezanja na epruvete $(\pm 45_4)_S$ bili su lepljeni iskošeni podmetači od kompozita sa staklenom tkaninom, sa obe strane epruveta.

Mehanički testovi izvođeni su na univerzalnom uređaju za mehanička ispitivanja INSTRON M1185. na temperaturi od 21°C i pri relativnoj vlažnosti vazduha od 50%. Određivanje čvrstoće smicanja u ravni laminiranja, τ_{12} MPα izvođeno u satandardnom ISO 14129 testu zatezanja epruveta $(\pm 45_4)_S$, a određivanje interlaminarne čvrstoće smicanja u standardu ISO 14130 testu savijanja kratke šipke. Brzina pomeranja mosta u oba testa bila je 1 mm min^{-1}. Odnos izmedu tačaka oslonaca i debljine epruveta u testu savijanja kratke šipke je bio 5:1, a broj uspešnih testova pri ovom ispitivanju je bio 10, dok je isti u testu zatezanja $(\pm 45_4)_S$ epruveta bio 8. Statistička analiza dobijenih rezultata za oba testa je izvršena i srednje vrednosti sa standardnom devijacijom su date za sve grupe ispitivanih epruveta.

Temperature staklastog prelaza (T_g), neozračenih, ozračenih i vodom zasićenih epruveta, izveden je DM analizom, evalirajući tangens delta vrednosti. Dinamička mehanička (torziona) analiza vršena je na rektagularnim epruvetama (dimenzja 63.0x12.5x2.0 mm) sa reometrijskim analizatorom RMS-605, u atmosferi argona. Torzioni test je izvođen grejanjem uzoraka brzinom od 5°C/min od 20 do 200°C i vremenom održavanja na temperaturi od 80°C 30 min. Mikrografije površina preloma, iz obavljenih testova posmatrane su na JEOL xl30 skening elektronskom mikroskopu (Slike 7.2 do 7.4). Pre posmatranja na SEM-u, prelomljene površine epruveta iz mehaničkih testova bile su prekrivane provodnim slojevima legure Ag - Pd i karbona, deponovanjem iz parne faze.

7.4 DISKUSIJA I REZTULTATI

Na vrednosti interlaminarnih (Tabela 7.1) i čvrstoća smicanja u ravni laminiranja (Tabela 7.2) testiranih epruveta na sličan način su uticali ozračivanje i upijanje vode. Najveće vrednosti čvrstoća τ_{13} i τ_{12} vrednosti su pronađene kod neozračenih suvih i ozračenih suvih epruveta, koje su bile približno jednake (Tabele 7.1 i 7.2).

Laminat	Doza zračenja (MGy)	Upijanje vode (%)	τ_{13} (MPa)
Suv	0	0	78.8±2.9
	11.7	0	78.8±6.4
Potapan	0	3.62±0.05	48.8±2.1
	11.7	5.46±0.07	36.9±3.8

Tabela 7.1 Interlaminarna čvrstoca smicanja epruveta UDK $(0)_{16T}$

Ovi rezultati pokazuju da ozračivanje gama zračenjem do doze od 11.7 MGy nema značajan uticaj na vrednosti interlaminarne i čvrstoće smicanja u ravni laminiranja na sobnoj temperaturi, kako je to ustanovljeno ranije (Abot 2004, Ward 1993). Značajno opadanje obe

Laminat	Doza zračenja (MGy)	Upijanje vode (%)	τ_{12} (MPa)
Suv	0	0	88.6 ±4.5
	11.7	0	90.2±3.4
Potapan	0	3.92±0.06	65.8±3.4
	11.7	5.87±0.07	61.3±2.3

Tabela 7.2 Čvrstoća smicanja u ravni laminiranja epruveta MDK $(\pm45_4)_s$

vrednosti τ_{13} i τ_{12} je izmereno za neozračene i ozračene epruvete posle potapanja u vodi. Uticaj imerzije u vodi mnogo je izraženiji kod ozračenih nego kod neozračenih epruveta. Relativno opadanje usled imerzije u vodi zagrejanoi na 80°C u toku 21 dan za τ_{12} je 65,5%, a za τ_{13} v_ε ozračenih, dok je kod neozračenih uzoraka ono bilo 23,5% za ozračene epruvete za τ_{12} vrednosti.

Veće upijanje vode kod $(\pm45_4)_s$ nego kod UDK $(0)_{16T}$ epruveta je posledica odsustva međuslojeva u UDK(0) strukturi. Utvrđeno je isto tako, da su procesi difuzije vode u kompozite kod ozračenih uzoraka mnogo kompleksniji nego kod neozračenih uzoraka. Sve epruvete su promenile boju od crne do zeleno-žute posle potapanja u vodi, a puno mehurova se pojavilo na površini potapanih epruveta. (Tabela 7.1 Slika 7.1).

Posmatranjem mikrofraktografije preloma (Slike 7.2 i 7.3) neozračenih i ozračenih epreveta otkriveno je da se prelom u epruvetama kratkim šipkama UDK $(0)_{16T}$ i u epruvetama $(\pm45_4)_s$ prostire duž međusloja vlakno/matrica i kroz matricu između vlakana. Ovaj način je karakterističan za čisto smicanje, a vidi se po karakterističnim figurama na Slikama 7.2a i 7.3a. Mikrofraktografije opšteg izgleda preloma neozračenih i ozračenih epruveta UDK(0) ne pokazuju značajnu međusobnu razliku (Slike 7.2a i 7.2b).

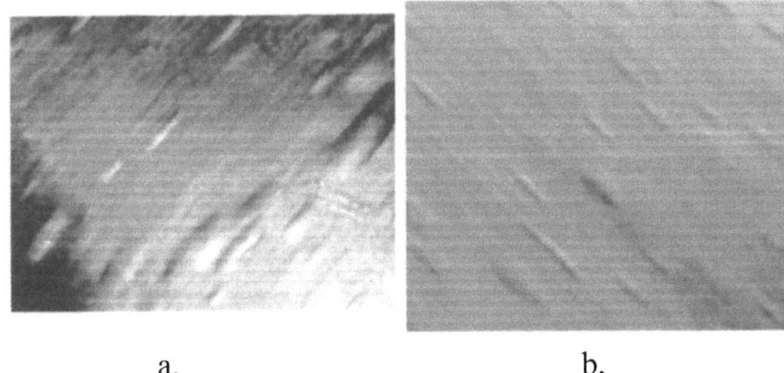

a.   b,

Slika 7.1 Mikroskopski izgled površina potapanih a. i ozračenih pa potom potapanih epruveta b

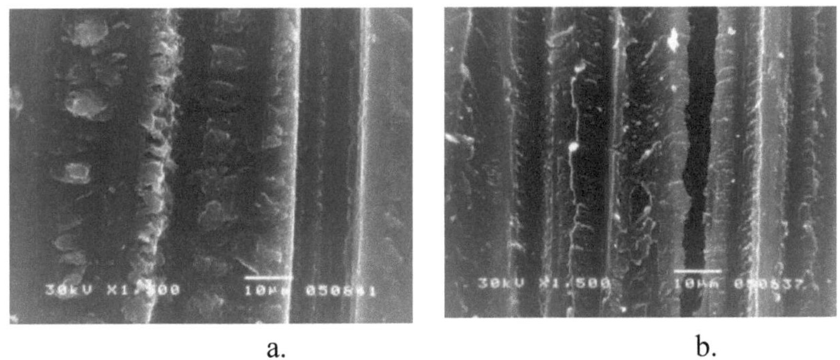

a.   b.

Slike 7.2 Mikrografije izgleda površina preloma ozračenih a. i neozračenih b. epruveta UDK $(0)_{16T}$

Latentno radijaciono oštećenje je aktivirano imerzijom ozračenih epruveta u vodi (21 dan, na temperaturi od 80°C) dovodeći do povećanog upijanja vode i degradacije vrednosti karakteristika smicanja. Posle ozračivanja gama zračenjem do doze od 11,7 MGy, nije opaženo pogoršanje karakteristika smicanja merenih na sobnoj temperaturi, ali je registrovano smanjenje temperature staklastog prelaza sa 121°C do 109°C, što svedoči da je u toku ozračivanja stvoreno latentno radijaciono oštećenje.

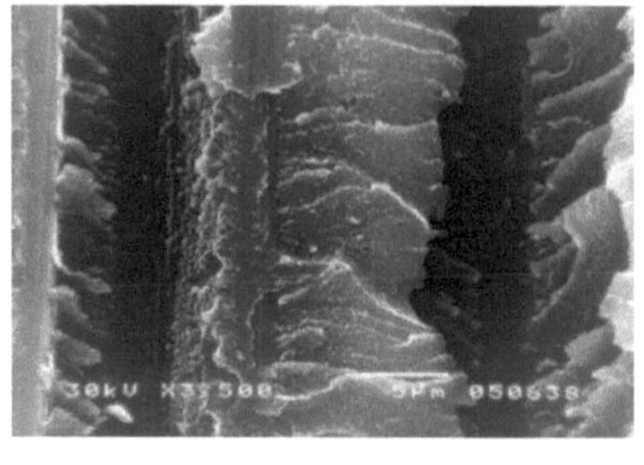

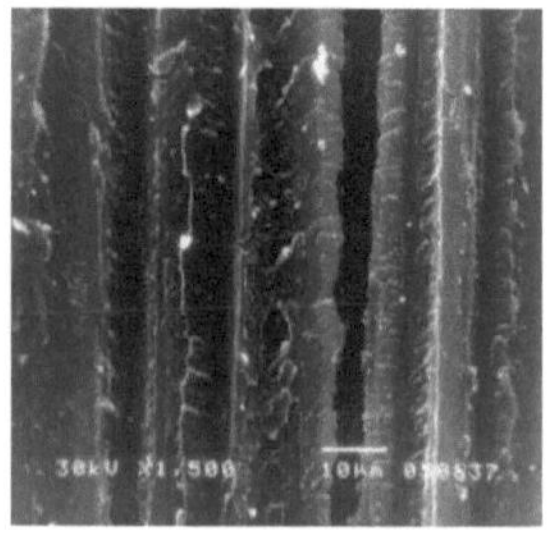

a.   b.

Slike 7.3 SEM mikrofraktografije površina preloma potapanih neozračenih a. i ozračenih b. ($\pm45_4$)$_s$ epruveta

a.

b.

Slike 7.4 SEM mikrofraktografije površina preloma potapanih neozračenih a. i ozračenih b. ($\pm45_4$)$_s$ epruveta

Opadanje karakteristika smicanja u toku imerzije u vodi dovelo je do smanjnja vrednosti karakteristika smicanja (smanjenje od 25.7% za τ_{12} i 38.1% za τ_{13} vrednosti). Istovremeno dolazi do depresije T_g vrednosti od 121 do 87°C Relativno opadanje, usled imerzije ozračenih epruveta, od 32.0 % za τ_{12} i 53.2% za τ_{13} vrednosti, praćeno je depresijom T_g vrednosti od 109 to 75°C. (To odgovara relativnom opadanju T_g vrednosti od 31.1%).

Dani imerzije	Neozračene UDK (0)₁₆ₜ epruvete	Ozračene UDK (0)₁₆ₜ epruvete	Neozračene epruvete test savijanja	Ozračene epruvete test zatezanja
7	2.95±0.06	3.51±0.03	3.06±0.04	3.66±0.05
14	3.40±0.04	4.70±05	3.62±0,06	5.06±0.07
21	3.62±0.05	5.46±0.07	3.92±0.06	5.87±0.07

Tabela 7.3 Upijanje vlage u % tokom imerzije

Uzorak	Neozračen suv	Ozračen suv	Neozračen potapan
T_g [°C]	121±2	109± 2	87±1

Table 7.4 Vrednosti temperature staklastog prelaza, u °C, četiri različito tretiranih uzoraka. T_g je određeno kao pik na tankoj krivoj dobijenoj DM analizom

7.5 ZAKLUČAK

Apsorpcija vode u toku imerzije je faktor okoline koji ograničava primenu ovih kompozita degradirajući vrednosti interlaminarne i čvrstoće smicanja u ravni laminiranja, kao mehaničkih katakteristika koje konrolišu matrica i međusloj vlakno/matrica. Degradacija ovih osobina je izrazito intenzivna kada je ozračivanje praćeno imerzijom u vodi.

Opadanje vrednosti čvrstoćaa smicanja merenih na sobnoj temperaturi posle ozračivanja dozom od 11.7 MGy, nije opaženo, ali pad vrednosti temperature staklastog prelaza od 121°C na 109°C svedoči da je za vreme ozračivanja stvoreno latentno radijaciono oštećenje.

Smanjenje smičućih osobina, usled imerzije u vodi na 80°C u toku 21 dana, za neozračene epruvete (25.7%, a za τ_{12} vrednosti i 38.1% za vrednosti τ_{13}) je manje nego isto kod ozračenih epruveta. Relativno opadanje, usled imerzije ozračenih epruveta, je 32.0% za τ_{12} i 53.2% za τ_{13} vrednosti, bilo praćeno opadanjem T_g vrednosti sa 109°C na 75 $^{\circ}$C što odgovara opadanju T_g od 31.1%. Kod ozračenih epruvetsa, posle imerzije došlo je do opadanja T_g vrednosti sa 121°C na 87 $^{\circ}$C.

Usled imerzije ozračenih epruveta došlo je do opadanja τ_{12} od 32.0 % a kod τ_{13} vrednosti od 53.2% što je bilo praćeno smanjenjem T_g vrednosti sa 109°C na 75 $^{\circ}$C (što odgovara smanjenju T_g vrdnosti od 31.1%).

7.6 REFERENCE I LITERATURA ZA DALJE PROUČAVANJE

1. Abot L, Jasmin A, Jacobsen A. and Daniel I. (2004) "In-plane mechanical, thermal and viscoelastic properties of a satin fabric carbon/epoxy composite". Composites Science and Technology, 64: 263-268
2. Botelho E, Pardini L and Rezende M. (2005) "Hygrothermal effects on damping behavior of metal/glass fiber/epoxy hybrid composites." Materials Science and Engineering A 399: 190-198
3. Buehler F. and Seferis J. (2000) "Effect of reinforcement and solvent content on moisture absorption in epoxy composite

materials." Composites Part A: Applied Science and Manufacturing 31: 741-748

4. Clark G, Saunders D, van Blaricum T. and Richmond M. (1990) "Moisture Absorption in Graphite/Epoxy Laminates. " Composites Science and Technology 39: 355-375

5. Egusa S, Kirk M, Birther R. and Hagiara (1985) "Annealing effects on the mechanical properties of organic composite materials irradiated with gamma rays. " Journal of Nuclear Materials, 127: 146-153

6. J. Davenas et al. (2002) "Stability of Polymers under Ionising Radiation", Nucl.Instrum.Meth.Phys.Res. Section B: 191(1-4): 653-661

7. Giovedi C, Machado L, Augusto M, Pino E. and Radino P. (2005) "Evaluation of the mechanical properties of carbon fiber after electron beam irradiation. " Nuclear Instruments and Methods in Physics Research B 236, 526-530

8. Gordic M, Đorđevic I, Sekulic D, Petrovic Z and Stevanovic M (2007) "Delamination strain energy release rate in carbon/epoxy UDC" Material.Science Forum, 555, 515-519

9. Humer K, Spießberger S, Weber H, Tschegg E. and Gerstenberg H. (1996) " Low-temperature interlaminar shear strength of reactor irradiated glass-fibre-reinforced laminates." Cryogenics 36: 611-617

10. Nishiura T, Katagiri K, Nishijima S. and Okada P. (1990) "Gamma-ray irradiation effects on interlaminar tearing strength of epoxy-based FRP. " Journal of Nuclear Materials 174: 110-117

11. Singh A. (2001) "Radiation processing of carbon fibre-reinforced advanced composites. " Nuclear Instruments and Methods in Physics Research B 185, 50-54

12. Sekulic D, Đorđević I, Gordić M, Burzić Z. and Stevanović M. (2006) "Gamma Radiation Effects on Mechanical Properties of Carbon/Epoxy Composites. " Materials Science Forum, 518: 549-554

13. Startsev O, Krotov A. and Golub P. (1999) "Effect of climatic and radiation ageing on properties of VPS-7 glass fibre reinforced epoxy composite. " Polymer Degradation and Stability 63: 353-358

14. Tenney D. and Slemps W, The Effect of Radiation on High Technology Polymers (Washington DC 1989), Chap. 9

15. Ward I. and Hadlley D, An Introduction to the Mechanical Properties of Solid Polymers (John Wiley & Sons Ltd, West Sussex, 1993), Chap.7

16. Zhou J. and Lucas J.P. (1999) "Hygrothermal effects of epoxy resin". Polymer, 40: 5513-5522

17. M. Stevanović (2002) „ Vlaknima ojačani polimerni kompoziti, o određvanju čvrstoća smicanja u ravni i interlaminarnog smicanja" Kompozitni materijali, Partenon, Beograd, str.141-145.

18. D. Sekulić, D. Bozić, J. Stašić and M. Stevanović (2008), „Moisture and gamma irradiation effects on then mecfhanical properties of carbon fiber-reinforced plastics", J. Microscopy, 232 (7): 611-617

O AUTORU

MOMČILO STEVANOVIĆ je redovni član Akademije inžinjerskih nauka Srbije. Redovni je profesor i naučni savetnik u penziji. Rođen je 1935. u Skoplju. Na TMF-u Univerziteta u Beogradu, diplomirao je 1959. i doktorirao 1965. Bio je na specijalizaciji u CEN Saclay u Prizu (1962-1964), a post-doktorsko usavršavanje realizovao je u AB Atomenergie Studsvik (Švedska 1966) i u CEN Saclay (1967). Od 1960. do 2006. godine radio je Institutu za nuklearne nauke Vinča. Paralelno je predavao predmete iz oblasti nauke o materijalima i hemijske termodinamike: na Elektronskom fakultetu u Nišu (1969-1973); Tehnološkom fakultetu u Novom Sadu (1975-1982) i na TMF-u u Beogradu (1996-2000). Od organizacionih poslova treba istaći rukovdođenje brojnim naučnim i razvojnim makro-projektima. Bio je predsednik Komisije za keramiku Unije Hemijskih društava Jugoslavije (1974-1977) član predsedništva nacionalnog Društva za istraživanja materijala i član brojnih međunarodnih društava za kompozitne materijale: Composite Materials International Community - New Orleans, European Society for Composite Materials i American Nano Society. Bio je i član Naučnog odbora European Conferences of Testing and Standardization of Composits od 1992 do 2000.

Najznaznačajnija u prvoj polovini radnog veka su dostignuća istraživanja sinterovanih oksida: efekti neutronskog zračenja, procesi transporta mase i opisivanje ravnoteže parno–kondenzovano stanje. Dostignuća druge faze istraživanja su rezultati proučavanja: nelinearne elastičnosti karbonskih vlakana, uticaja ivičnih efekata na čvrstoću laminata, efekata zračenja na kompozite, posebno na žilavost delaminacije i podatke iz testova nanoindentacije. Doprinos od inženjerskog značaja je uvođenje 22 standadne metode testiranja karbonskih vlakana, preprega i kompozita, pri donošenju JAS standarda.

Priznanje mu je plaketa Instituta Vinča dodeljena za 25 najeminentnijih saradnika Instituta od više od 1000 istraživača prilikom proslave 50-te godišnjice osnivanja Instituta Vinče.

Publikovao je preko 200 naučnih i stručnih radova, 6 univerzitetskih udžbenika, od kojih su 2 nacionalne monografije. Objavio je i 7 poglavlja u internacionalnim naučnim monografijama kao i mnoštvo radova u internacionalnim i domaćim časopisima i zbornicima. Održao je 11 plenarnih predavanja.

Oženjen je suprugom Brigitom, ima sina Nenada (dr elektrotehnike), kći Ladu (dr antropologije) i 3 unuka: Annu, Martina i Milu.